Star
星出版

新觀點
新思維
新眼界

發明與創新
Invention and Innovation
A Brief History of Hype and Failure

瓦茲拉夫·史密爾 著　許瑞宋 譯

Vaclav Smil

Star 星出版

目錄

第1章

發明與創新
悠久歷史與現代迷戀

我們這個物種的演化，是一部與發明成果密切相關的物理和行為變化史。發明是一把大傘，涵蓋四個主要類別。第一個類別包含各式各樣的簡單手工製品，最早是我們的祖先開始兩足行走、可以空出雙手從事複雜工作之後製作的石器。從考古發現看來，古人類製造工具的進展只能說是非常緩慢。最古老的原始石器出現於三百多萬年前，較大的、製作精良的（雙面）手斧和薄刃斧出現於約一百五十萬年前，木柄石矛出現於約五十萬年前，然後要等到約兩萬五千年前，舊石器時代晚期的狩獵者才掌握了手工製作一系列複合工具的技術，包括製作錛、斧、魚叉、針、鋸，以及配套的陶器。

農作物種植普及，是以人類發明大量農具為基礎。馴化馬匹以供騎乘始於馬嚼子和馬轡（馬鐙和馬鞍晚得多才出現）。役用動物需要許多特別設計的工具來將牠們套在犁、手推車或馬車上，例如馬用的項圈、韁繩、牽引繩、肚帶，以及牛用的軛。所有定居社會都會製作木製家具、設計和燒製陶器、冶煉礦石以生產工具和武器，有些社會還發展出精湛的技術。現代社會仍仰賴大量的這種簡單產品，包括錘子和鋸子、木椅和木凳、杯子和盤子，但因為機器普及使用，這種產品現在只有很小一部分是手工製作的。

機器屬於第二類發明，也就是固定在一個地方使用或用來運輸東西、多少有些複雜的新設備或裝置。在這個類別中，大型水車、風車、配備水車驅動皮革風箱的高大石製鼓風爐，以及遠洋帆船是現代之前最值得注意的發明。到了十九世紀末，席爾斯百貨（Sears）的商品目錄列出了數以千計的此類物品，包括懷錶、小型縫紉機以至大型打穀機，而近年我們可以看到許多過剩的例子：目前全球市場上有超過一千種型號的手機，而美國有約七百種不同型號的可載客車輛〔我不能只是說轎車，因為新車輛以運動型休旅車（SUVs）、貨卡（pickups）和箱型車（vans）為主〕。

新想法必須體現在某些東西上——無論那是簡單的實用工具、複雜的機器，還是現代工業企業不可或缺、更加複雜和現在往往高度自動化的機器組合：汽車製造廠可能是這種機器組合最好的常見例子，從搬運和定位零件到焊接和噴漆，幾乎都交給機器人去做。現成的石頭和木材只能製成種類有限的工具、機器和結構。因此，第三類發明——新材料——一直是人類文明進步的明顯標誌，標誌著人類從石器和木器時代，發展到金屬、混合物和複合材料的時代。第三類發明始於青銅，然後是鐵和鋼（碳含量很低的鐵合金），現在包括鋁和十幾種其他常見金屬，還有玻璃、水泥（多種材料的集合體），以及從十九世紀末開始的塑膠（種類至今仍在增加）和最新出現的碳基複合材料（很輕但強度高於鋼）。

第四類發明主要是新的生產、運作和管理方法，包括並不重大但具有經濟效益的改進，以及大規模製造物品、蒐集資料和處理資料的高度自動化全新方法。此類發明中最值得注意、影響最大的其中一項，是麥可・歐文斯（Michael Owens）1904 年推出的玻璃瓶製造機。在此之前的多個世紀裡，玻璃瓶必須個別吹製，而十九世紀末出現了第一台半自動機器，但無論如何，玻璃瓶製造商都是雇用兒童來搬運和處理熔化的玻璃，並將玻璃瓶與模具分開。1899 年時，超過七千名美國男孩在這種高溫和危險的環境下工作，當時的攝影師記錄了他們的工作情況：如此可怕的情境，只有地下深處煤礦的童工勞動可比。歐文斯的機器則是直接從熔爐中取得玻璃材料，整個過程完全不需要投入人力。即使是最早的歐文斯機器（圖 1.1），每小時也能生產 2,500 個瓶子，而半自動機器每小時只能生產 200 個。

第二次世界大戰之後，幾乎所有固有的大規模工業生產方式都因為電子控制技術的應用而改變了——效率提高了，成本降低了，速度加快了。現在新的電子鍋或咖啡機幾乎全都內建電子控制裝置，而電子技術對資料的獲取、處理和傳播的影響甚至更大。第二次世界

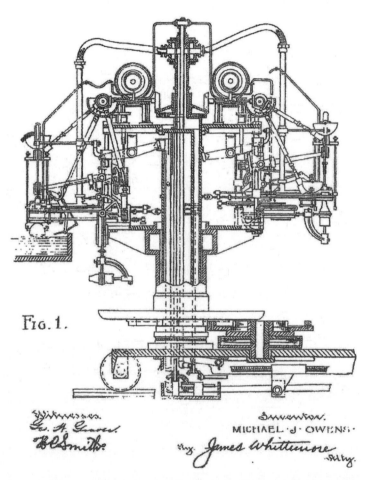

No. 766,768.

M. J. OWENS.
GLASS SHAPING MACHINE.
APPLICATION FILED APR. 13, 1903.

PATENTED AUG. 2, 1904.

FIG. 1.

Witnesses.
Geo. H. Graves.
B. C. Smith.

Inventor.
MICHAEL J. OWENS.
by James Whittemore
Atty.

圖 1.1 麥可・約瑟夫・歐文斯的玻璃成型機。托雷多玻璃公司（Toledo Glass Company）申請的美國專利。資料來源：歐文斯玻璃成型機（美國專利766、768號，1903年4月13日申請，1904年8月2日 批 出），https://patents.google.com/patent/US766768。

大戰期間，英文calculators（現在多指「計算機」）和computers（現在多指「電腦」）是指從事乏味的資料輸入和處理工作的（通常年輕的）女性；現在，每一台小型筆記型電腦的資料處理能力都遠遠超過1960年代末最先進的電腦（當時的電腦還沒有微處理器可用），而現今電子設備範圍很廣，小至微型監控裝置（有些小到可以貼在飛蟲背上），大至巨型伺服器場（因為這種設施的用電需求一直很高，通常會建在可以提供便宜電力的地方）。

在一般使用上，發明（invention）和創新（innovation）這兩個詞的含義有很大的重疊，但創新也許最好理解為引進、採用和掌握新材料、新產品、新工藝和新想法的過程。因此，事實上可以有大量的發明但沒有相應的創新，而蘇聯也許是這種不一致現象近來的最佳例子。蘇聯科學家有許多重要的發明，其中八人獲得諾貝爾獎（包括低溫物理學方面的朗道和卡皮察，雷射和邁射方面的巴索夫和普羅霍羅夫），而當局特別重視、投入大量資金的軍事研發工作，則使蘇聯的軍備可與美國媲美。

蘇聯累積了45,000個核彈頭。米格29和蘇25位居歷來投入使用的最佳戰鬥機之列，而美國工程師設計世上第一架隱形飛機時，使用了蘇聯人彼得・烏菲莫切夫（Pyotr Ufimtsev）的方程式來預測飛機表面的電磁波反射。蘇聯在世界上最重要的能源領域也表現出色：蘇聯科學家和工程師發現了西伯利亞的巨型油田和氣田，發展出世上最大的石油和天然氣工業，並建造了（完工時）世界上最長的油氣管道，為歐洲提供當地需要的大部分原油和天然氣。

但蘇聯1991年解體（值得注意的是，過程中沒有發生任何暴力事件），而當時它正因為創新方面的許多不足而受困擾，從關鍵的初級產業到滿足基本消費需求的產業皆不例外。鋼鐵是現代文明最重要的金屬，而在1990年代初，歐盟、北美和日本都已經完全不用平爐煉鋼法（從1950年代起已開始被轉爐煉鋼法取代），但這種1860年代開始用於煉鋼的十九世紀工藝，在蘇聯的最後時期仍貢獻了該國接近一半的金屬產出。蘇聯在大規模生產一般消費品（從牛仔褲到個人電腦）方面創新滯後，長期以來一直是民眾不滿的原因之一，而且無疑也是導致蘇聯政權滅亡的一個因素。

中國1990年之後的經濟發展，則與蘇聯的創新失敗形成鮮明對比，堪稱迅速利用外國各種發明大量創新的最佳例子，而且是史無前例的。中國經濟規模成長了13倍，人均所得增加了10倍（均以固定幣值計算），不是因為該國國內出現了前所未有的大量重要發明，而是因為該國大量引進和採用其他國家數十年前（最新技術則是數年前）就已經發展出來的設備或做法。在中國國內的堅定努力和以兆美元計的外國直接投資之外，外國最新的機器、設計和工藝大量移轉到中國。這種移轉得以發生，有賴取得專利，以及急著進入中國市場的美國、歐洲和日本廠商分享技術訣竅，而伴隨著這些合法移轉的是廣泛和持續的產業間諜活動。

　　中國共產黨很好地吸取了蘇聯解體的教訓：其領導人沒有像戈巴契夫那樣試圖改革無法改革的政治體制以放鬆控制，而是促成了一場規模空前、創新導向的經濟擴張，迅速提高了民眾的生活品質，使共產黨得以更牢固地控制中國。尼克森1972年2月為了「打開中國大門」而訪華之後，中國的第一筆商業交易是購買由美國M. W. Kellogg公司設計的世界上最先進的氨合成工廠；這次收購對防止中國這個人口迅速增加但沒有現代化肥工業的國家再次發生大飢荒至關重要。

　　隨後，數以千計的外國公司（以最大型的跨國企業為首，包括豐田、日立、日本製鐵、通用汽車、福特、波音、英特爾、西門子和戴姆勒）與中國分享了它們的技術訣竅，通常是被迫成立合資企業，為中國人從事逆向工程提供完整的技術資料。中國顯然得益於一種後發優勢，借助了因為採用外國已完善的發明而掀起的巨大創新浪潮。當然，日本和韓國也走過這條路，分別在1950年代和1970年代起步，但一路走來，它們不但成為了堅定的創新大國，還發展出重要的創造型經濟體。就這方面的貢獻而言，重要的例子包括Sony在消費電子產品早期發展中建立領先地位，豐田開創以少錯誤著稱的及時制（just-in-time）工廠管理方法，以及三星、SK海力士、LG和松下等公司在先進微處理器、行動電話和電池方面的貢獻。迄今為止,中國還不曾作出任何同等重要、受全球歡迎、產生豐厚商業報酬的貢獻(雖然有些人可能認為不應忽視華為的貢獻)。

回顧人類發明的漫長軌跡,許多歷史學家和經濟學家認為這方面的進步加速很了不起,這一點並不令人驚訝。相對於十八世紀緩慢得多的技術進步,十九世紀真正劃時代的發明頻密得多,影響也深遠得多,而這是拜工業革命所賜。但是,二十世紀的進步可能更了不起。正如喬爾·莫基爾(Joel Mokyr)指出,雖然二十世紀發生了兩次曠日持久的世界大戰,而且極權政權一度統治歐洲和亞洲大部分地區,這種進步還是發生了:

> 在過去,這種大災難可能足以使經濟倒退數百年,甚至使整個社會陷入停滯或野蠻狀態。但在二十世紀,這些災難都無法阻擋不斷加速的創新產生巨大的力量,刺激已工業化和正工業化的多數國家快速發展。

二十世紀末和二十一世紀初,人們最常掛在嘴邊的一件事,就是所謂的創新不斷加快。專利數量增加顯然不能很好地反映這種創新加速(太多的專利旨在保護重大發明的微小變化和改進),但無可否認的是,美國專利商標局每十年批准的專利申請總數(包括批給外國人的專利)經歷了驚人的成長:十九世紀頭十年只有911項,1890年代有近25萬項;二十世紀頭十年有約34萬項,1990年代有約165萬3,000項,兩百年間增加了近

2,000 倍。

當然，這種簡單、不辨好壞、在某些方面顯然誤導的專利總數增長，總是包含一些可疑的條目，甚至是一些真正瘋狂的創造。1932 年，阿爾福德・布朗（Alford Brown）和哈利・傑夫科特（Harry Jeffcot）從美國專利商標局的檔案中找出了一小部分此類案例。專業的專利評估人員竟然同意給予「改良的埋葬箱」（使人可以在「恢復知覺後經由梯子從墳墓和棺材中爬出來」）和「製造酒窖的裝置」專利保護，使人不禁思考他們是否受了什麼蠱惑。如果你認為我們已經擺脫了這種無聊東西，只要定期查看電子前線基金會（Electronic Frontier Foundation）的網頁「本月最蠢專利」（"Stupid Patent of the Month"），就會清楚認識到，現在還是不缺這種蠢事。

我認為 2013 年授出的美國專利 8,609,158B2 號特別值得注意，而且有必要長篇引述，以說明專利審核程序至今還是很可疑。該專利授予單一發明者黛安・伊莉莎白・布魯克斯（Diane Elizabeth Brooks），專利名稱為「黛安的甘露」（Diane's manna）：

> 這是一種具有麻醉功效的強效藥物，由可替換的種子和種子衍生物經獨特組合和加工而成，藥效極強，可消除或減輕抑鬱、情緒障礙、注意力障礙症狀、思考障礙、精神疾病、疼痛、右唇發育遲緩症狀、身體問題、淋巴結癌和許多其他疾病症狀。它能在一兩個星期內消除頸部腫塊。它在多數方面是

可替換的……它的藥力極強，也可以降低藥力來使
注意力不足的孩子恢復正常。它是一種令人難以置
信的情緒穩定劑，可以減輕精神病。癌症病人和有
疼痛問題的人都可以使用它。它很有效。

匪夷所思的是，這項專利申請真的獲准了。不過，
也有許多完全真實的獲准專利還是令人不禁搖頭，包括
2012年授予蘋果公司〔共有10名申請人，包括史蒂夫‧
賈伯斯（Steve Jobs）和蘋果首席設計師強納森‧艾夫
（Jonathan Ive）〕的美國專利D670,286S1號，保護的是
一種圓角矩形的「可攜式顯示裝置」（圖1.2）。我忍不
住要再舉一個美國專利申請例子，申請人為蘇珊‧哈什
（Susan R. Harsh），想保護的是「一套工具和方法，可以
將沉積在第一表面上的狗鼻子汗跡轉化為第二表面上的
狗鼻子藝術作品。」值得注意的是，這項專利申請尚未
獲得批准。

事實上，有一些發人深省的方法，可以用來評估形
態和識別真正突破性的發明（我將在本書最後一章介紹
這些方法），但現在我們可以簡單地指出人類在發明創
造方面實際取得的質與量的進步（許多人認為這是拜發
明加速湧現所賜），然後將這些成就視為進一步加速進
步的基礎，而不是業已完成的成果。現代發明因此似乎
有望帶來輝煌的救贖，因為它們看似將解決我們面臨的
所有問題，無論那是技術、環境還是社會方面的問題。
此外，未來將出現的解決方案據稱並非只是帶來微小或

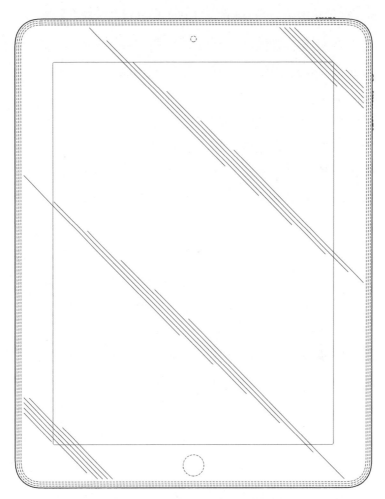

圖 1.2 蘋果公司的美國專利 D670,286S1 號申請（2012 年 11 月獲准）的第三張圖片顯示一個「可攜式顯示裝置」——現在人們非常熟悉的圓角矩形設計。資料來源：J. Akana et al., Portable display device（美國專利 D670,286S1 號，2010 年 11 月 23 日提出申請，2012 年 11 月 6 日獲准），https://patents.google.com/patent/USD670286。

漸進的進步，而是將造就堪稱「顛覆性」、「蛻變性」或「革命性」的變革──而且它們改變世界的潛力近乎馬上就要釋放出來，改變從糧食到長壽、從能源到旅行的各個領域。

既然我們已經將營養不良的人數降至不到全球人口的十分之一，為什麼不徹底解決糧食短缺問題呢？而既然我們要做這件事，為什麼不設法在可以調節氣候的高樓大廈裡生產糧食，或生產可以提供完整營養的合成膠囊，藉此擺脫對種田的依賴？在過去兩個世紀裡，我們已經將富裕國家的平均預期壽命提高了一倍，那麼為什麼不利用巧妙的基因操作或CRISPR技術，至少再延長預期壽命一倍或令人類長生不老呢？在同一時期，富裕國家的人均可用能源供給（以不同的速度）增加了許多倍，我們為什麼不繼續增加下去，同時巧妙地利用再生能源，徹底擺脫對化石碳能源的依賴呢？既然我們已經可以慣常地在陸地上以每小時約300公里的速度、在空中以接近音速（每小時近1,000公里）的速度旅行，那麼為什麼不利用埋在地下或架空的真空管道或只需要幾小時就可以跨越大西洋的客機，以超音速旅行呢？

而因為現代發明的發展速度越來越快，呈現指數型（exponential）進步，一再有人告訴我們，上述那種目標談不上特別大膽或不切實際。數學原理告訴我們，長期的指數型成長必將達到奇異點（singularity），此時函數達到無限值，所有事情立即變得可能。但我們其實不必成為「奇異點將至教」的信徒，因為即使是平凡得多的展望也已經非常了不起——而且這種展望至今仍不斷出現，聲稱我們將在許多方面取得突破，包括治療疾病（據稱將有藥物可以治好阿茲海默症）、儲存電能（將發明能量密度前所未聞的電池），甚至是將其他星球改造成人類宜居的世界（將火星地球化）。可惜現實遠遠沒有那麼美好，而本書就是希望謙虛地提醒大家注意世界的真實面貌，避免沉迷於各種誇張的聲稱或甚至是站不住腳的幻想。

在此我必須先指出，本書關注的並不是導致大災難的無數失敗設計（包括造成著名悲劇如「鐵達尼號」1912 年沉沒和「挑戰者號」1986 年發射失敗的問題），也不是錯失商業良機的問題（例如 Sony 的 Betamax 錄影機被 JVC 的 VHS 機器淘汰），或造成嚴重尷尬的著名案例（例如福特的 Edsel 和 Pinto，以及 Google 的眼鏡）。技術進步史學家因為研究一些沒有希望成功的設計，例如一戰前德國的電動犁或克萊斯勒的汽車燃氣渦輪機，詳細記錄了許多這種失敗案例。此外，最近有人回顧了蘋果公司最尷尬的 12 款失敗產品，包括 Macintosh TV 和 Power Mac G4 Cube。

對這種失敗設計有興趣的人，應該參考蘇珊・赫林（Susan Herring）1989 年出版的《從鐵達尼號到挑戰者號》（*From the Titanic to the Challenger*），該書列出了二十世紀不少於 1,354 個此類失敗的案例；或麥可・希弗

（Michael Schiffer）的《壯觀的失敗》（*Spectacular Flops*），該書收錄了一些較久遠的案例〔包括尼古拉・特斯拉（Nikola Tesla）的無線輸電世界系統〕和一些較新的妄想（核反應堆驅動的轟炸機）。與此同時，我們還必須認識到，許多工程物品和系統的設計失敗不僅是無可避免的，還提供了很好的經驗教訓（雖然我們往往必須付出高昂代價，有時甚至必須承受悲劇事件），告訴我們應該避免什麼和糾正什麼；這正是為什麼亨利・波卓斯基（Henry Petroski）將他專門講述這種經驗的書的副標題定為「失敗在成功設計中的作用」（*The Role of Failure in Successful Design*）。

同樣地，本書也並非著眼於人們熱切接受、廣為普及和安全確立的許多現代發明造成的許多不良後果，這些後果往往相當麻煩，有時甚至是致命的。諸如此類的副作用、缺點和新困難往往是事先料到的；當中有許多受到嚴密的監測和評估，並被轉化為金錢和生活品質上的代價，是許多研究的主題，也有許多人致力預防或減輕相關問題。處方藥對健康和環境的影響，可能是現代社會中最廣為人知的一類副作用。此類副作用範圍很廣，包括身體不適、取決於原有疾病的嚴格禁忌、溪流和水體中出現藥物代謝物，以至抗抗生素細菌的傳播。最後一項非常嚴重，如今是個全球問題。好幾十年前，我們已經知道該問題的嚴重影響，但儘管各方一再規勸和作出承諾，尋找新抗生素的工作得到的資源和承諾仍遠遠不足。

同樣引人注目的是，我們對內燃機汽車這項發明造成的多種副作用十分容忍。這種機器帶給我們機動性、便利性和眾所周知的旅行自由，但也帶來了有害的排放，改變了城市景觀（往往是往壞的方向），以及任何廣泛使用的處方藥都無法容忍的死亡率。即使在最富裕的國家，我們也要等到 1970 年代才開始減少廢氣排放（催化轉換器這項新發明幫了大忙），但我們至今仍沒有廣泛採用的有效解決方案，可以使汽車成為明智的城市設計的一部分，而交通事故最近每年導致 135 萬人死亡。

談到重大發明的後果，以及我們對其不良影響和副作用的選擇性容忍，我們還可以討論許多其他例子，例如合成氮肥的密集使用和許多類型的塑膠對土地和水源的汙染——即使只是粗略介紹，也需要寫一本很厚的書。在本書中，我以一種比較普遍性的方式探討發明之失敗，著眼於這個事實：過去一百五十年間，創造了現代文明、極其成功的基礎性發明源源不絕，但在許多關鍵領域遲遲沒有進展、令人沮喪，此外也有一些創新沒有最初預期的那麼好（這是客氣的說法）。在本書中，我檢視這些創新失敗的三個重要類別：期望未能實現、情況令人失望，以及最終遭到厭棄。

我知道，一些研究技術進步的歷史學家認為，「失敗的技術」這樣的說法本身是誤導的，因為它似乎意味著〔正如湯姆・卡羅（Tom Carroll）在 1989 年關於失敗創新的研討會上所說的〕一種實證主義的線性解讀，認為潛在的創新要麼有一種動能、要麼沒有，但更重要的其實是認識到「成功」或「失敗」是社會選擇的結果。技術進步無疑不是自主的，而是受社會條件和脈絡強烈影響——但顯而易見的是，主要的影響是反向的，開放的社會（乃至獨裁國家的統治者）往往無力決定接受或抵制哪些創新。

我將先談人們孜孜以求的一種發明：它們終於面世時，廣受讚揚（而且往往是熱情的讚揚），迅速商業化，而且在世界各地皆受歡迎。但最終，有時甚至要等到幾十年後，事實證明這些發明非常不可取，對人類和環境都十分有害，因此引起廣泛的疑慮，最後被徹底禁止用於最初發明的用途。含鉛汽油起初使內燃機得以平穩運行，但數十年後，人們普遍認識到，由此產生的神經毒性重金屬排放是一種不可接受的代價，於是從1970年的美國開始，各國開始禁止以鉛作為汽油添加劑。此後不久，各國開始禁止以滴滴涕（DDT）作為廣泛使用的害蟲控制工具，而在1987年，一項全球協議概述了逐步棄用氟氯碳化物的時間表，這種化學品常被當成冷凍劑使用，它們在大氣中的濃度上升導致平流層臭氧減少。

我著眼的下一類失敗發明包括三個重要例子，它們起初似乎勢將最終主宰所屬的市場：用於廉價長途航空運輸的飛船、用於發電的核分裂技術，以及用於洲際快速旅行的超音速飛機。這些創新都實現了商業化，某程度上廣泛投入使用，但人們很快就意識到，它們無法達到最初期望的潛力。應用上率先失敗的是飛船，而且失敗得十分慘烈──「興登堡號」（Hindenburg）飛船起火燃燒，成為最廣為流傳的技術災難圖像之一。但此一事故並沒有終結飛船夢想，甚至在1960年後噴射客機迅速征服全球航空市場之後，仍有人繼續嘗試復興這種運輸方式，而且在二十一世紀的頭二十年裡，也有人提出改良飛船的新建議。

核分裂是規模大得多的一個不如預期的例子，而且無疑是我所說的「成功的失敗」（successful failure）現象的最重要例子。雖然它的商業應用規模相當可觀（在三大洲有超過四百個反應爐在運行），而且在一些富裕國家對發電有重大貢獻，但它目前在全球市場的占有率仍遠低於人們在這種複雜技術被熱烈採用的早期階段對它的期望：在二十世紀末之前完全主宰全球市場！超音速飛行的歷史與上述兩個例子有一些相似之處：有一段時間它比飛船成功一些，最終喪失競爭力，但一再有新設計企圖要進行復興，其支持者堅持認為（就像推銷新反應爐設計的公司那樣），這次將會不一樣，超音速飛機將能夠在全球市場占得一席之地。

最後是遲遲未能成功的類別。我從許多非常值得期待的創新中找出三個突出的例子：這些創新若能大規模商業化，將帶來真正的蛻變，而多個世代以來，一直有人聲稱它們即將成功，但有效和符合成本效益的方案，似乎總是可望而不可即。真空狀態下的高速旅行（比較可能實現的是在氣壓降至遠低於正常大氣壓力的管道中），是一個已經出現了超過兩百年的構想，近年它在「超迴路」（hyperloop，又稱「超級高鐵」）這個誤導人的標籤下被大肆宣傳，為我們提供了一個大好機會來解釋這個世代相傳的夢想為何仍在等待實用、便利、可靠和有利可圖的商業化。

我們仍在等待的發明的第二個例子，屬於那種我們很有需要但相關討論少得多的進步，而這個例子一旦實現，將是人類歷史上最重要的成就之一。如果世界上的主要糧食作物（小麥、水稻、玉米、高粱）都能夠像大豆、扁豆和豌豆等豆科植物那樣，藉由與固氮細菌共生來滿足它們對氮的一大部分需求，我們將不但可以增加全球糧食產量，還能減少生產和使用化學肥料，從而節約大量能源和防止數個類別的環境汙染。我的最後一個例子是核融合發電的商業化，這是 1940 年代一些頂尖物理學家率先承諾的壯舉。這可能是期望落空類別中最著名和無疑最廣為人知的例子，而我將說明人類對這個夢想的非凡堅持，即使它似乎總是可望而不可即。

當然，這三個類型的創新失敗，每一個都可以納入其他著名例子。例如，針對那些起初廣受歡迎但後來遭厭棄的發明，我可以加入氫化油的故事。氫化油在商業上成功始於 1911 年棉籽油的部分氫化，寶僑公司（P&G）因此有了 Crisco（結晶棉籽油）這項產品，一種

在室溫下保持固體狀態的油脂。反式脂肪（凝固油）的
使用範圍，隨後擴大到價格低廉的一系列奶油和豬油替
代品，它們的保質期相當長，可以製作出美味的烘焙食
品，並成為油炸食物的常用油脂——直到飲食研究發
現，它們與血液中膽固醇含量增加和心臟病風險上升有
關，然後政府開始管制它們的日常使用。

　　至於那種起初看來勢將主宰市場但從未如此成功的
發明，我可以講述黑莓機（BlackBerry）的興衰故事。
這種手機曾經廣受企業高層歡迎，以安全功能著稱，一
度看似必將主宰企業市場，但其輝煌僅持續了十年左
右。2002 年，黑莓公司發表它的第一款智慧型手機，但
到了 2013 年，該公司已經失去競爭力，陷入了曠日持久
的衰退期。而談到我們至今仍在等待的發明，氫經濟的
故事會是很好的補充。氫經濟也許是解決日益迫切的全
球去碳化需求的終極方案，但一直未能實現。

　　我可以寫一本篇幅很長、內容有趣的書討論這種發
明，它們在其特定生產或消費領域居主導地位長達多個
世代或甚至超過一個世紀，然後要麼很快就完全消失，
要麼因為成為小眾粉絲珍視的古玩而得以留存，要麼在
經濟上被邊緣化了。前面提到的平爐也許是第一類中最
好的例子：從 1870 年代到 1950 年代初，所有的初級鋼
都是藉由降低來自這些大型容器中高爐的鑄鐵的碳含量
製造出來的。然後，在一代人的時間裡，平爐在日本和歐
洲近乎完全消失，在北美苟延殘喘了一段時間，而這種

十九世紀的文物有一些倖存到二十一世紀（圖1.3）。運輸方式的根本轉變提供了一個衰退得更快的例子：遠洋客輪主宰了洲際客運市場接近一個世紀，然後在跨大西洋定期噴射機航班開通後短短十年內，就被淘汰了。

當然，本書較為年長的讀者全都目睹了微電子新世界如何製造出許多這種例子：曾經令人欽佩的發明在主宰了全球市場超過一個世紀之後，迅速瀕臨消亡，勉強留存下來。打字機被個人電腦和隨後的可攜式電子產品取代了；照相機被智慧型手機取代了；音樂的實物載體（唱片、磁帶、光碟）相互取代，然後直接的數位存取方式面世，將它們全部邊緣化。當然，打字機、照相機和黑膠唱片至今仍然存在，但打字機如今只能在二手市場買到，只有那些喜歡這種機械打字方式的人會買；可以換鏡頭的照相機如今基本上是專業攝影師在用，多數是認真從事自然生態攝影工作的人；而唱片和卡帶現在是串流為主的世界裡一種懷舊的小眾市場。

最後一章首先評論了關於新發明的誇張報導。媒體對突破性發展和劃時代開端不加批判的報導，往往以天真或可笑的措辭作為標題，而這已經成為一種常態，產生了錯誤的結論和引發了沒有根據的期望。這種報導方式已是司空見慣，所以我僅檢視最近一些特別惡劣的例子。然後，我針對眼下常見的、認為創新步伐將不斷加快的想法，指出技術停滯和進步放緩的許多明確跡象。凡事都有極限，發明和創新也不可能例外。因此，本書

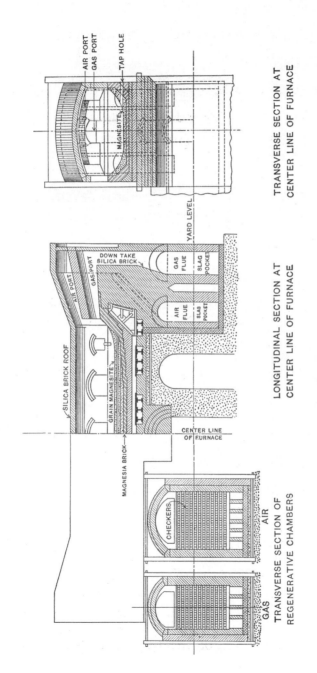

圖1.3 二十世紀早期一個平爐的剖面圖。資料來源：Harbison-Walker Refractories, *A Study of the Open Hearth* (Pittsburgh: Harbison-Walker Refractories, 1909)。美國最後一座平爐 1992 年關閉，中國 2001 年，俄羅斯 2018 年。

沒有篇幅吹捧一些基於樂觀預期的新預測，例如人工智慧技術精進將導致一切電子化，包括自動駕駛汽車和無人駕駛飛機流行，並將出現使我們變得無關緊要的機器，而基因工程技術將應用在從害蟲到人腦的各種事物上，隨意創造出新的生命形態。

我們顯然需要許多發明並且大規模應用，使我們能夠找到早就該有的方法，去應對一些最艱鉅的衛生、環境和經濟難題，例如戰勝瘧疾以至縮小（目前實際上正在擴大的）全球收入差距。本書最後簡要地列出我們亟需的一些進步；一如過往，我們的這種探索會有成功也會有失敗，而我們將無法忽視這個事實：許多成果有其局限，不會造就無限的進步。我們總是亟欲預測新發明將如何塑造我們的未來，但我們應該抑制自己的這種衝動。回顧我們過去所作的這種預測，成功非常有限，失敗比比皆是。我們需要許多真正變革性的發明，世界才有可能變得比較美好、安全和公平，但我們只有在回顧過去時才能知道各種發明對我們有多大的幫助——我們必須希望我的願望清單上的某些項目，將在二十一世紀中葉之前得以實現。

第2章
起初受歡迎
但最終遭厭棄的發明

每一個複雜問題的解決方案，每一項減輕或消除特定有害或不良影響的有益進步，每一項有望提高性能、增加利潤、改善操控性、提高舒適度或安全性的創新，都有其反面。其影響範圍可大可小，嚴重程度可輕可重，可能是可預料、可容忍、可控制（或時間有限）的副作用，也可能是出乎意料、可能十分嚴重和棘手的後果。有些後果要消除，只能放棄原來的解決方案，轉用一種比較好（和完全無害）的方法，而如果做不到，至少也要代之以一種沒那麼令人厭惡、比較可以接受的做法。

我選了我認為最重要的三個例子，它們旨在解決一些重要和常見的問題（這些問題若遲遲不處理，將造成代價高昂的有害後果），但最終證實是不可接受的解決方案。這三種創新全都出現在兩次世界大戰之間的時期，其中兩種使用已面世數十年的化合物四乙基鉛和二氯二苯三氯乙烷（俗稱滴滴涕或DDT），另一種使用新發現的鹵化化合物二氯二氟甲烷，而我將按時間順序逐一闡述。首先面世的是含鉛汽油（1922年開始在美國使用），它旨在以低成本和便利的方式有效解決廣為人知的內燃機爆震問題──過早點火造成的爆震，不但會降低機器的能量轉換效率，還可能導致引擎本身嚴重受損。

創新史上最令人難以置信的巧合之一，是含鉛汽油和二氯二氟甲烷皆出自湯瑪斯・米基利（Thomas Midgley）這名工程師：他先是領導所屬公司的團隊尋找有效的抗爆震劑，最終研發出含鉛汽油，然後短短幾年後（1928年）就帶領一群研究人員開發出無毒、不易燃的二氯二氟甲烷（CCl_2F_2），以氟利昂12（Freon-12）這個品牌推出市場（圖2.1）。這是眾多氟氯碳化物（CFCs）中的第一種，而這些合成化合物迅速成為世界上最主要的冷凍劑（冰箱和冷氣機的壓縮膨脹循環使用的液體），此外也被用作生產泡沫塑膠的常用發泡劑、數以十億計的噴霧罐（內裝藥物、油漆或化妝品）的推進劑，以及工業用脫脂劑和溶劑。

有關起初大受歡迎但最終遭厭棄的創新，最後一個例子是滴滴涕（二氯二苯三氯乙烷），它是第一款現代合成殺蟲劑。保羅・赫爾曼・穆勒（Paul Hermann Müller）開始尋找一種能夠殺死常見害蟲的強力殺蟲劑時，滴滴涕已為人知超過六十年，但全靠穆勒系統性地尋找一種有效的殺蟲劑，才發現了這種化合物的強大殺蟲能力。二戰期間，軍方幾乎立即應用了滴滴涕，而戰後其用途迅速擴大，被用來控制蟲媒傳染病，以及用於

圖2.1 含鉛汽油和氟氯碳化物冷凍劑的發明者小湯瑪斯・米基利（1889-1944）。1930年代紐約Blank & Stoller公司拍攝的肖像。資料來源：Williams Haynes肖像收藏（費城科學史研究所），第10盒。https://digital.sciencehistory.org/works/9s161624t

農作物生產和畜牧業中的一般害蟲控制。在略多於十年的時間裡，這些無節制的做法不但導致抗滴滴涕昆蟲物種出現，還對鳥類的繁殖產生了不利影響，並最終導致嬰兒早產或出生體重過輕的風險上升，滴滴涕因此成為新生的環保運動用來傳播其更負責任管理訊息的一個負面象徵。

在它們共同的興衰軌跡之外，含鉛汽油、CFCs和滴滴涕各有自己的獲接受和被淘汰路徑。含鉛汽油剛面世時，已經有令人信服的大量證據顯示鉛具有潛在的神經毒性，含鉛汽油這種新產品因此幾乎立即遭到一些醫師和生理學家抵制。另一方面，氟利昂12是一種新的合成化合物，在自然中並不存在，而它意外釋放到環境中似乎不會產生什麼反應，因此看來是家用冷凍劑的理想選擇。米基利在引入四乙基鉛作為主要抗爆震劑方面的作用或許值得被批評，但像尼爾·拉森（Neil Larsen）那樣說他是「歷史上最有害的發明家」則是無稽之談。

早在1928年，理論上我們已經可以預料到，釋放到大氣中的CFCs雖然比空氣重得多，但最終還是會進入平流層——大氣中的湍流混合使二氧化碳也可以進入平流層，而二氧化碳這種主要的溫室氣體也比空氣重。但要到半個世紀之後，大氣化學方面的新研究才明確告訴我們，在黑暗的極地冬季，由於冰粒表面發生的反應，氯會從CFCs中釋放出來，而陽光回來之後，那些釋放出來的氯與平流層的臭氧發生光化學反應，臭氧的濃度因此開始降低，而這種氣體對保護我們免受紫外線輻射傷害是不可或缺的。同樣地，我們以前也沒有使用滴滴涕的經驗，因為在此之前，我們只用天然殺蟲劑如柑橘油、桉樹油、鹽的水溶液或苦楝油（以熱帶常綠植物苦楝樹的種子榨取的油），而即使1940年代初的第一批毒理學研究做得廣泛和嚴謹得多，也不可能發現滴滴涕對鳥類繁殖的長期累積影響。

此外，上述三項創新的軌跡，其長度和最後階段也各有不同。含鉛汽油從問世到全球全面禁止使用，中間經過了八十年的時間——印尼是最後一個容許銷售含鉛汽油的國家，2006年才禁售。1974年，也就是氟利昂12研製成功46年後，科學家首度發表關於CFCs可能破壞平流層臭氧的報告，而到了1987年，《蒙特婁破壞臭氧層物質管制議定書》（Montreal Protocol on Substances that Deplete the Ozone Layer）概述了全球全面禁止使用CFCs的步驟。滴滴涕投入使用後，短短約二十年就達到其全球應用的頂峰。限制和取締使用的行動始於1960年代，而除了在控制瘧蚊方面的受管制使用，該化合物現已全球禁用。

回顧這三次重大失敗的歷史，最令人鼓舞的教訓是我們不但有能力找到比較好的替代方案，還能夠制定切實可行的國際安排，使禁令和替代方案能夠在全球有效執行（雖然也有一些值得注意的違規行為）。汽油方面，我們在不幸選擇鉛這種重金屬作為最方便的添加劑之前，其實就有其他選擇，而最終取締含鉛汽油的行動也被不可原諒地延後了。相對之下，減少並最終禁止使用CFCs以保護平流層臭氧的行動進展迅速，而且達成了歷來最有效的其中一項全球協定。評估滴滴涕禁令的作用相對困難得多，因為在滴滴涕投入使用之後，我們又開發出數十種其他殺蟲劑（除了用來殺昆蟲，也用來對付蟎蟲和真菌），而衛生和環境影響研究顯示，長期使用其中許多殺蟲劑並非沒有風險。

此外，還有一個令人不安的共同點，這三項創新都是企業針對性研究的產物：通用汽車公司尋找一種抗爆震化合物和更好的冷凍劑，瑞士嘉基（Geigy）公司尋找有效的殺蟲劑。它們的商業化應用需要得到監理機關的批准，但此一要求無法為我們阻止具有潛在危險的環境汙染物出現。雖然四乙基鉛的風險廣為人知，而且頂尖的健康科學家反對以它作為汽油添加劑，但其使用還是獲得批准，一用就用了約八十年，而且它最終被禁用並不是（或至少主要不是）因為其神經毒性終於引起擔憂。另一方面，CFCs和滴滴涕最初大受歡迎，除了因為它們被視為技術問題近乎完美的解決方案，也因為它們被視為帶來重大衛生好處的創新，可以取代有毒（和可能致命）的冷凍劑，尤其是家用冷凍劑，以及根除（可能更致命）疾病的常見昆蟲傳染媒介。

四乙基鉛的歷史首先是公共衛生措施失敗的故事：如果當年充分考慮了已知的風險，就不會在數十年後出現一項失敗的發明，也不需要禁止使用這種化合物。
CFCs和滴滴涕則帶來不同的、深刻得多但也意料之中
的教訓：人類介入地球的環境往往造成滯後和複雜的風
險，這些風險與最初的擔憂相去甚遠，遠遠超出容易想
像的困難，必須假以時日和累積了許多事件之後，我們
才會意識到這些意想不到但後果嚴重的影響。非凡的勤
奮、決心和想像力，應該可以減少這種後知後覺的問
題，但完全避免這種問題再度發生是幾乎不可能的。

含鉛汽油

　　人類大量採用靠內燃機提供動力的道路車輛（2022
年時，全球在道路上行駛的車輛超過14億輛），是高度
複雜的基礎創新的一個完美例子，結合了許多方面的進
步，包括內燃機、原料金屬（鋼、鋁、鎳、釩）、輪胎
（橡膠）和電氣元件（電池、開關、啟動器）的設計與
製造方面的進步，由進步的機器優化和製造技術（移動
式裝配線）加以整合，並仰賴可靠燃料來源（原油開採
和提煉）與重要基礎設施（柏油道路、管道、加油站）
的發展提供必要條件。

　　因此，誰發明了汽車這個問題，不可能有一個簡單
的答案。1886年，格特列‧戴姆勒（Gottlieb Daimler）
和威廉‧邁巴赫（Wilhelm Maybach）在一輛木製馬車
上裝上一個水冷式引擎；另一方面，卡爾‧賓士（Karl
Benz）在一個三輪底盤上裝上一個輕型單缸引擎。但

是，這些第一批可駕駛的機器（高大、敞篷、緩慢、外觀笨拙）與現今的汽車唯一的共同點是：它們也使用內燃機（但功率和效率都低得多）。在所有其他方面，從車輪到轉向系統，從底盤到引擎的位置，都發生了巨大的變化。在十九世紀餘下的時間裡，德國、法國、英國和美國的工程師貢獻的各種創新結合起來，才將這些起初看起來像沒有馬的馬車、顯得笨拙的混合設計車輛，改造成現代汽車的真正先驅。1901年，邁巴赫設計的Mercedes 35 HP成為第一輛實質上的現代汽車：雖然還是沒有車頂，但有四個汽缸、兩個化油器、機械進氣門、鋁制引擎體、置於閘門中的變速桿、蜂窩狀散熱器和橡膠輪胎。

汽車技術隨後不斷進步，僅僅七年後，亨利・福特（Henry Ford）就開始銷售他的T型車，這是第一款大量生產、經濟耐用的載客汽車；1911年，查爾斯・凱特林（Charles Kettering；他後來在含鉛汽油的開發中發揮了關鍵作用）設計出第一款實用的電啟動器，使駕駛人不再需要做危險的手搖啟動（圖2.2）。而雖然當時即使在美國東部地區，柏油道路還是很不足夠，但其建設速度開始加快：1905年至1920年間，美國柏油公路的長度增加了超過一倍。同樣重要的是，數十年來原油的發現和煉油技術的進步，為這種新交通工具的普及提供了必須的液體燃料，而在1913年，印第安納州標準石油公司引進了威廉・柏頓（William Burton）的原油熱裂解技術，

圖2.2 查爾斯・凱特林（1876-1958），第一款實用電啟動器的發明者，曾長期（1920-1947）擔任通用汽車公司研究主管，堅持將含鉛添加劑稱為「乙基氣」（ethyl gas）的人就是他。

在提高汽油產量的同時，還降低了天然汽油主要成分、揮發性化合物的含量。

但是，即使有了較為實惠和可靠的汽車、更多的柏油道路，以及可靠合適的燃料供給，汽車引擎中的燃燒過程仍存在一個固有問題：容易發生劇烈的爆震（發出砰砰聲）。在運作良好的汽油引擎中，油氣燃燒完全是由燃燒室頂部適時出現的火花引發，由此產生的火焰在汽缸中均勻地移動。爆震之所以發生，是因為火花點燃的火焰還沒觸及燃燒室中餘下的油氣，那些油氣就自燃（發生小爆炸）。爆震產生高壓（可以高達18 MPa，相當於正常大氣壓力約180倍），由此產生的衝擊波以超音速傳送，振動燃燒室壁，產生告訴我們引擎未能正常運轉的砰砰聲。

任何速度下的爆震都是令人擔憂的，而引擎高負荷運轉時，爆震可能造成特別嚴重的破壞。嚴重的爆震會造成無法修復的引擎損壞，包括汽缸蓋腐蝕、活塞環斷裂，以及活塞熔化；任何爆震都會降低引擎的效率，並且釋放更多的汙染物，尤其是導致氮氧化物排放增加。燃料抗爆震的能力，也就是燃料的穩定性，是以燃料可以禁受多大的壓力仍不會自燃為基礎，普遍以辛烷值衡量，而加油站通常以黃底粗體黑色數字顯示汽油的辛烷值。

辛烷（C_8H_{18}）是烷烴（通式為C_nH_{2n+2}的碳氫化合物）之一，占輕質原油成分10％至40％，其異構物（碳原子和氫原子數目相同但分子結構不同的化合物）之一異辛烷（2,2,4-trimethylpentane）被設定為具有辛烷值量表中的最大值（100％），因為這種化合物可以完全防止爆震。汽油的辛烷值越高，抗爆震能力越強，引擎因此能以更高的壓縮比更有效地運轉。北美的煉油廠現在提供三種辛烷值的汽油：普通汽油（87）、中級燃料（89），以及高級混合燃料（91-93）。

在二十世紀的頭二十年，也就是汽車發展的最早階段，有三種方法可以盡可能減少或消除造成破壞的爆震問題。第一種是將內燃機的壓縮比保持在低於4.3:1的較低水準，福特1908年推出的最暢銷的T型車的壓縮比為3.98:1。第二種是開發比較小但較為高效的引擎，使用比較好的燃料；而第三種是使用汽油添加劑以防止油氣失控自燃。保持較低的壓縮比意味著浪費燃料，而在第一次世界大戰之後經濟迅速擴張的年代，引擎效率偏低尤其令人擔憂，因為當時越來越多人擁有功率較大和較為寬敞的汽車，導致人們擔心長期而言國內原油供給不足，將越來越依賴進口石油。汽油添加劑因此提供了最簡單的解決方案：添加劑可以使品質較差的燃料用於功率較大、壓縮比較高的引擎，並且提高引擎的運作效率。

在二十世紀頭二十年裡，乙醇（酒精，C_2H_6O 或 CH_3CH_2OH）作為汽車燃料和汽油添加劑的可能性引起了人們很大的興趣。大量試驗證明，使用純乙醇為燃料的引擎絕不會爆震，而歐洲和美國曾試驗混合乙醇與煤油和汽油作為燃料。乙醇的著名支持者包括亞歷山大・葛拉漢・貝爾（Alexander Graham Bell）、伊萊休・湯姆森（Elihu Thomson），以及亨利・福特（但福特並沒有像許多資料錯誤聲稱的那樣，將T型車設計成以乙醇為燃料的汽車或一種雙燃料汽車；T型車是設計成以汽油為燃料）；查爾斯・凱特林當時認為乙醇將是未來的主要燃料。

但是，乙醇的大規模應用面臨了三個不利因素：乙醇比汽油昂貴；乙醇的供應量不足以滿足日益增加的汽車燃料需求；增加乙醇的供應，即使只是將乙醇當成主要的汽油添加劑，也將占用大量的農業產出。當時還沒有經濟實惠的直接方法利用木材或稻草這些不虞匱乏的纖維素廢料大規模生產乙醇——纖維素必須先以硫酸水解，然後將由此產生的糖發酵。因此，當年生產乙醇燃料，主要原料就是用來製造飲用、藥用和工業用酒精（用量少得多）的糧食作物。

1916年，查爾斯·凱特林的代頓研究實驗室（Dayton Research Laboratories）開始尋找一種有效的新添加劑，而主管這項工作的是年輕的機械工程師湯瑪斯·米基利（生於1889年）。1918年7月，一份與美國陸軍和美國礦業局合作編寫的報告，將乙醇、苯和環己烷列為在高壓縮比引擎中完全不會產生爆震的化合物。1919年，凱特林受聘於通用汽車公司、掌管其新的研究部門時，將他面臨的挑戰界定為避免迫在眉睫的燃料短缺：美國國內原油供給預計將在15年內耗盡，而「如果我們能夠成功提高汽車引擎的壓縮比……我們就能將平均每單位燃料的行駛哩數增加一倍，從而將這個期限延長至30年。」凱特林認為有兩條路可以實現這個目標：一是使用高用量的添加劑（乙醇或含40％苯的燃料，測試顯示後者也可以完全消除爆震），二是使用某種低用量的替代品，類似1919年意外發現具有相同作用的1％碘溶液，但效果更好。

　　1921年初，凱特林得知維克多・萊納（Victor Lehner）在威斯康辛大學合成了二氯氧化硒。試驗結果顯示，這是非常有效的抗爆震化合物，但不出所料，它也是腐蝕性很強的化合物，但這些試驗直接促成研究人員考慮元素週期表第16族中其他元素的化合物：二乙基硒和二乙基碲都呈現更好的防爆震作用，但人類吸入或皮膚吸收後者會中毒，而且它有強烈的蒜味。四乙基錫是被發現有一定作用的另一個化合物，然後在1921年12月9日，1％的四乙基鉛（$(C_2H_5)_4 Pb$）溶液被發現在測試引擎中可以防止爆震，而發續研究很快就發現，即使濃度降低至0.04％（以體積計），四乙基鉛仍可以有效防止爆震。

　　四乙基鉛最初是由卡爾・雅各・羅威（Karl Jacob Löwig）1853年於德國合成，在此之前沒有商業用途。1922年1月，杜邦公司和紐澤西州標準石油公司獲得生產四乙基鉛的合約，而到了1923年2月，添加四乙基鉛的新燃料開始在少數加油站公開販售〔加油時利用一種被稱為乙基化器（ethylizer）的簡單裝置將添加劑混到汽油裡〕。在決心使用四乙基鉛的同時，米基利和凱特林也承認，「酒精無疑是未來的主要燃料」，而據估計，1920年美國若使用混合20％乙醇和汽油的燃料，只需要占用國內約9％的穀物和糖類作物產出，同時還能為美國農民提供額外的市場。而在兩次世界大戰之間的時期，許多歐洲國家和一些熱帶國家使用混合10～25％乙醇（由剩餘的糧食作物和造紙廠廢料製成）和汽油的燃料，但無可否認的是，那是相對小的市場，因為在二戰之前，歐洲家庭擁有汽車的情況遠不如美國普遍。

其他已知的替代品，包括氣相裂解煉油液、苯混合物，以及來自環烷原油（含少量蠟或不含蠟）的汽油。為什麼通用汽車公司在充分掌握這些事實的情況下，不但決定只採用四乙基鉛，還聲稱沒有可用的替代品（雖然明明就知道不是這樣）：「據我們目前所知，四乙基鉛是唯一可以產生這些結果的材料」？有幾項因素有助於解釋這件事。如果選擇使用乙醇，就需要大規模發展一個專門生產汽車燃料添加劑的新產業，而這個產業是通用汽車無法控制的。此外，如前所述，利用纖維素廢料（農作物殘渣、木材）而不是糧食作物生產乙醇雖然比較可取，但這種做法因為成本太高而不切實際。事實上，利用新的酶轉化技術大規模生產纖維素乙醇，雖然曾被宣傳為將在二十一世紀產生劃時代的重要影響，但未能達到預期，直到2020年，美國乙醇（用作抗爆震劑）的大規模生產仍以發酵玉米為基礎，在2020年幾乎剛好占用了美國三分之一的玉米收成。

另一方面，米基利的四乙基鉛專利（1922年4月15日提出申請，1926年2月23日獲批，名稱為無助於理解內容的「使用汽車燃料的方法與手段」），則使通用汽車公司得以完全控制一種有效的低用量添加劑，而且成本非常低：價值一美分的四乙基鉛，就可以防止一加侖的汽油發生爆震（圖2.3）。最惡劣和真正不可原諒的是，

Feb. 23 , 1926.　　　　　　　　　　　　　1,573,846

T. MIDGLEY, JR

METHOD AND MEANS FOR USING MOTOR FUELS

Filed April 15, 1922

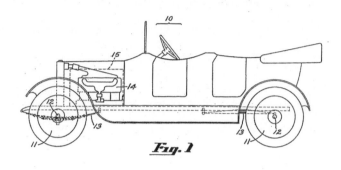

Fig. 1

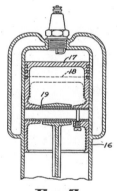

Fig. 2

Witnesses
Irvin A. Greenwald
Lloyd. M. Keighley.

Inventor
Thomas Midgley Jr.

By

Francis D. Hardesty
Attorney

圖2.3 米基利關於在汽車中使用含鉛汽油的專利申請，名稱奇特，圖示也同樣奇特。資料來源：小湯瑪斯‧米基利，使用汽車燃料的方法與手段（美國專利1,573,846號，1922年4月15日提出申請，1926年2月23日獲批），https://patents.google.com/patent/US1573846。

該公司完全否認使用這種添加劑可能導致健康問題。這方面的作為，始於凱特林堅持為這種添加劑冠上「乙基氣」這個不正確的名稱，刻意迴避承認它含鉛。鉛這種重金屬的毒性，自古希臘時期就已為人所知，還有人聲稱它在羅馬帝國的滅亡中發揮了重要作用，而到了二十世紀初，人們因為工作上接觸鉛而出現健康問題已是眾所周知的事。但是，通用汽車及其四乙基鉛供應商不但無視鉛對健康的影響，還一再提出堅決的聲明，希望徹底消除人們對含鉛化合物隨汽車廢氣大量排放可能危害健康的擔憂。

人類對鉛毒性的認識在十九世紀大有進步，清楚認識到慢性鉛中毒會造成嚴重的神經毒性損害，未出生的胎兒和嬰兒尤其容易受鉛毒傷害。因此，並不令人意外的是，美國一些重要的公共衛生專家反對在汽油中添加鉛，並要求對潛在危險展開調查。通用汽車和杜邦公司在沒有進行任何研究的情況下聲稱，一般街道上空氣中的鉛含量很可能低到無法檢測到人體對鉛的吸收。但在1924年10月底，紐澤西州四乙基鉛加工廠有35名工人出現了急性神經症狀，其中5人死亡。巧合的是，美國礦業局在最後一名急性中毒者死亡當天，發表了它對四乙基鉛的調查報告，結論是這種化合物不會危害公眾。該項報告立即受到數名頂尖生理學家批評，而在1925年5月20日，美國衛生署長回應公眾關切，在華府召開了一次會議，直接面對相關爭論。

　　在該次會議上，通用汽車、杜邦、標準石油和乙基公司（Ethyl Corporation）將使用四乙基鉛說成是確保美國工業進步的必要舉措。乙基公司的法蘭克‧霍華德（Frank Howard）說：「汽車燃料的持續發展對我們的文明至關重要」，而他認為發現四乙基鉛是幫助人類節約石油的「上帝恩賜」。這種說法遭到強烈駁斥，例如哈佛醫學院的醫師愛莉絲‧哈彌爾頓（Alice Hamilton）就指出：「鉛是一種緩慢累積的毒物，而且通常不會產生容易識別的明顯症狀」，而她的結論是：「我不認為我們終有一天可以讓使用這種含鉛汽油變得安全。即使在最嚴格的管制下，鉛工業也從未消除它的所有危險。」會議結束時，乙基公司宣布暫停生產和銷售含鉛汽油，等待一項獨立研究的結果。但是，四乙基鉛的反對者雖然表面上勝了一仗，含鉛汽油的普及不過是因為遇到小障礙而暫時受阻。

　　承諾進行的研究1925年10月於俄亥俄州展開，僅招募了252名勞工，分為四組。對照組包括不接觸含鉛汽油的36名汽車駕駛人和21名修車店或加油站員工，而面臨危險的組別則有接觸四乙基鉛汽油的77名司機和57名加油站服務員，以及已知會接觸到鉛塵的工廠裡的61名工人。很明顯，一項從設計到最終報告出爐只有短短七個月的研究，不足以揭露接觸鉛毒的長期影響，而1926年5月提交給美國衛生署長的最終報告得出以下結論：「只要銷售和使用受到適當的法規管制，就沒有充分的理由禁止使用這種成分的乙基汽油作為汽車燃料。」不過，該報告也呼籲進一步的研究：「委員會認為，這項研究絕不能就此終止。」然而，該研究就是終止了，而且此後也從未進行更好的研究，該產業的領袖認為繁瑣的限制會阻礙人類進步的觀念占了上風，而這種發展無疑與美國1929年之後的經濟困難有關。

1927年，美國衛生署長辦公室制定了每加侖汽油不得加入超過3克四乙基鉛的自願性標準。美國的含鉛汽油生產標準逐漸獲得世界各國採用，汽車引擎的壓縮比因此得以提高一倍（通常提高至8.3-10.5:1），引擎效率也得以提高。除了節約車用能源，航空燃料加入四乙基鉛也使研究人員得以開發出更強大、更快、更可靠的往復式航空引擎；這種引擎在二戰期間達到了性能的頂峰，之後被燃氣渦輪引擎取代。二戰之後，隨著美國一度中斷的汽車普及趨勢強勁恢復，而且這種趨勢蔓延至歐洲和日本，含鉛汽油的產量達到了新高峰。這些發展被用來證明四乙基鉛支持者最初的主張是正確的，他們認為這種添加劑是美國汽車工業的一項根本突破，確保了美國的經濟實力以及在1970年代之前的全球主導地位。

值得注意的是，1958年，美國衛生署長辦公室將四乙基鉛的用量上限提高至每加侖汽油4.23克（因為沒有跡象顯示民眾血液或尿液中的鉛含量上升），而1950年代和1960年代業界的實際平均用量約為每加侖汽油2.4克。在1945年至1975年的三十年間，美國用了近2兆

加侖汽油，這意味著美國經由汽車廢氣向環境中排放了
約470萬噸鉛（以每加侖汽油2.4克的平均值計算），而
在1970年代初，每年的鉛排放量超過20萬噸。與此同
時，毒理學的新研究清楚告訴我們，鉛毒造成的嚴重健
康後果，並非僅限於相對大量的急性或慢性職業接觸。
在1940年代，我們清楚認識到，鉛毒會導致兒童發育遲
緩、行為失常和智力受損，而從1970年代開始，我們認
識到，即使是所謂的「無聲」劑量，也就是相對少量、
長期無症狀的接觸，也會產生這些影響，而禁止使用含
鉛化合物就可以避免這些。

　　接觸鉛毒的第一個主要源頭是家用油漆中的鉛：
為了使油漆防潮、耐用和快乾，油漆加入了氧化鉛、碳
酸鉛或鉻酸鉛。人們在二十世紀初認識到由此產生的危
害，但美國直到1977年才禁止使用含鉛油漆，而歐洲和
亞洲甚至是更晚才禁用。汽油中的鉛是一個規模大得多
的有毒環境汙染源，但含鉛汽油的大量使用和由此造成
的環境汙染在1950年代和1960年代幾乎完全沒有引起關
注（別忘了美國衛生署長辦公室在1958年提高了汽油的
四乙基鉛含量上限）；直到1970年，也就是含鉛汽油導
致全球鉛排放大增44年之後，美國才終於開始從最重要
的精煉液體燃料中去除這種有毒金屬 —— 而健康問題並
不是此一轉變的決定性原因。

　　那時候，美國的大城市一再出現往往持續很久的
光化學煙霧，這是一種空氣汙染現象，由液體燃料的提

煉、配送和燃燒過程中排放的一氧化碳、氮氧化物和揮發性碳氫化合物在大氣中發生複雜反應而造成。光化學煙霧1940年代首次出現於洛杉磯,最終成為美國所有大都會區的季節性現象。美國1970年的《潔淨空氣法》(Clean Air Act)賦予新成立的環境保護局管制有害化合物的權力,該局於1973年強制要求大幅減少汽車廢氣排放,以及分階段去除所有等級汽油中的鉛。

1962年出現了光化學煙霧的技術解決方案:歐仁・朱爾・賀德里(Eugène Jules Houdry)這一年為他利用催化轉換器在汽車排出廢氣之前清除當中汙染物的技術註冊了專利。這種技術以鉑這種稀有金屬作為催化劑,而汽車廢氣中的鉛會破壞鉑的作用,引進有效的催化轉換器(從1975年式起所有汽車都必須安裝)因此取決於無鉛汽油的供應。這些裝置最終發揮了關鍵作用:相對於管制前的情況,碳氫化合物和一氧化碳排放量減少了96%,氮氧化物排放量減少了90%。

1970年,無鉛汽油僅占美國市場3%左右。到了1975年,該數字已增至12%,而從1979年開始,美國環保局要求所有煉油廠降低含鉛燃料中的平均含鉛量:1980年降至每加侖1克,1985年降至每加侖0.5克,1988年降至每加侖0.1克。與此同時,隨著研究顯示鉛汙染物對兒童智商和成人高血壓問題都有不利影響,人們越來越意識到接觸鉛毒對健康的損害,全面淘汰含鉛燃料的過程因此加快了。1985年,無鉛汽油占市場63%;到了 1991 年，該數字已升至 95％。1985 年，美國環保局的一項研究估計，最終逐步淘汰鉛的效益價值（包括保護兒童健康、減少其他汙染物、改善維護），至少是相關代價（煉油廠支出增加）的兩倍，而如果將成年男性高血壓問題納入計算，則是相關代價的 12 倍。

一些可測量的效果很快就顯現出來：隨著鉛被逐步淘汰，美國兒童體內鉛濃度中位數在 1976 年至 1994 年間降低了近 80％，2015 年時降至僅為 1970 年代中期水準的 5％左右。安娜・艾澤爾（Anna Aizer）最近領導的一項研究顯示，即使是將鉛含量從歷史低點進一步降低，對兒童三年級的閱讀測驗成績也可以產生顯著的積極作用：平均血鉛含量每降低一個單位，兒童閱讀能力大幅落後的機率可以降低約 3％。其他國家跟隨美國的做法，日本在 1986 年禁止使用含鉛燃料，但在歐洲，德國、法國和西班牙分別在 1986 年、1988 年和 1990 年才開始減少使用含鉛燃料。歐盟最終於 2000 年禁用含鉛燃料，與中國和印度同年。堅持到最後的國家有委內瑞拉和印尼，分別於 2005 年和 2006 年開始禁用含鉛燃料，而阿爾及利亞要到 2021 年 7 月才停止銷售含鉛汽油。

是什麼取代了四乙基鉛？1990 年代末，甲基三級丁基醚（MTBE）成為主要的添加劑，但由於它對環境有不利影響（可溶於水導致地下水遭到汙染），美國環保局於 2000 年宣布逐步淘汰該添加劑。煉油業者因此有兩個主要選擇：重新配製汽油，增加可防止爆震的碳氫化合物（被稱為BTEX混合物）的比例，又或者使用乙醇。BTEX混合物起初成為主要的替代品：這種存在於液體燃料中的碳氫化合物混合物——苯、甲苯、乙苯和二甲苯——經由精煉分離出來，添加到汽油中（汽油中這些芳烴的含量有限），以提高其抗爆震能力。值得注意的是，1925年通用汽車公司開始推廣四乙基鉛時，苯混合物的抗爆震作用就已廣為人知，甚至在美國一些市場也已使用！

在這種情況下，BTEX的平均比例從22％升至1990年的33％，在高級汽油中甚至高達50％。這引發了新的健康憂慮，導致美國環保局最終決定限制BTEX占汽油體積的比例在25～28％，但是人們對這種混合物影響健康的擔憂揮之不去。幸運的是，燃燒汽油和乙醇的混合物，並不會產生令人擔憂的不良影響，而源自農作物的乙醇（在美國絕大多數源自玉米，在巴西則是源自甘蔗）成為了主要的抗爆震添加劑。乙醇汽油2005年開始在美國興起，當時《能源政策法》（Energy Policy Act）規定了生質燃料與運輸燃料混合的最低量，而到了2020年，90％汽油和10％乙醇的混合燃料（被稱為E10），占美國汽油車輛所用燃料總量超過95％。

遺憾的是，最後我甚至無法提出成本效益的粗略量化對比，只能講一些無可爭議的看法。1920年代中期大規模使用四乙基鉛，為一個重要技術問題提供了一個快速但骯髒的解方，而因為它使得引擎效率得以提高，確實為環境帶來了好處：在其他條件相同的情況下，四乙基鉛降低了相對排放率（克／公里）；但重型車輛增加、汽車總數大增抹殺了這些相對效益，汽車相關汙染物的總排放量因此持續增加至 1970 年代中期。含鉛汽油這項發明的價值在於它簡單、隨即可用和低成本，不在於它有任何空前傑出之處，而最確定的是，四乙基鉛當時並不是克服引擎爆震問題的唯一選擇。

這項發明的危害從一開始就顯而易見，但「乙基汽油」這個誤導人的名稱給了掩護，而它對接觸源自汽車廢氣的鉛毒的兒童產生了最惡劣的累積影響——美國是在 1920 年代中到 1980 年代中這六十年間，世界其他地方主要是在二十世紀下半葉。我們已經發現兒童累積接觸低濃度鉛毒受到的多方面影響，包括一般智力和閱讀測驗得分較低；視覺空間功能、記憶力、注意力、處理速度和語言能力受損；以及運動技能（手的靈活性）和情意行為受影響。此外，研究並未發現鉛毒只要低於某個水準就不會影響中樞神經系統，而美國國家科學院 1993 年一項研究證實，即使是極低劑量的鉛也會導致神經行為缺陷。

因此，四乙基鉛用作燃料添加劑造成的最悲慘後果，是一些兒童因為長期接觸鉛這種神經毒素，人生成功的機會顯然受損。這種接觸可能不會縮短人類的整體壽命，但剝奪了數以百萬計的兒童人生成功的平等機會。當然，社會經濟地位較低的兒童無可避免受到幾方面的傷害，汽車廢氣中的鉛只是其一，但因為鉛的神經毒性影響是確定的，我們不能視為無關緊要或微不足道。我們不可能量化多個世代和全球因此受到的累積影響，但很難避免得出這個結論：很少發明像含鉛汽油這樣，在最初被譽為某個技術問題的完美解方，但在個人層面造成了那麼多本來可以避免的傷害。

那麼，我們要如何解釋這件費解的事：即使已經清楚知道接觸鉛毒的危險，美國社會還是在多代人的時間裡，任由汽車產業和石油公司普及使用含鉛汽油，而反對者在最初受挫後就一直未能捲土重來？相對於1930年代史無前例的經濟危機、1940年代初的世界大戰、1950年代和1960年代的渴求繁榮和冷戰所引起的擔憂，長期、不可見和隱蔽的鉛毒接觸是否顯得微不足道？如果不是為了減少令人難以忍受的光化學煙霧和防止汽車催化轉換器中的鉑被汽車廢氣中的鉛破壞，我們是否至今還在使用含鉛汽油？

滴滴涕

殺滅昆蟲從來不是容易的事，牠們的大小、常見的季節性暴增特性、適應能力（其漫長演化始於約4億年前），以及飛行物種高強的立體移動能力，使得人類不可能大規模徹底根除昆蟲，而即使在較小的範圍內控制昆蟲的數量，仍需要反復採取成本高昂的控制措施。因此，令人驚訝的是，人類要到1930年代末才開始有計畫地系統性尋找殺蟲效力強勁的化合物——其效力必須遠遠超過相對溫和、短暫有效的已知天然殺蟲劑。

　　保羅・赫爾曼・穆勒 1925 年在巴塞爾取得有機化學博士學位，然後受雇於嘉基公司（J. R. Geigy）的研究部門，這家染料製造公司的歷史可以追溯至十八世紀中葉。穆勒的第一項任務是研究合成染料、植物染料和鞣劑。十年後，他開始從事保護植物的化合物（紡織品防蛀劑）合成工作，並開發出具有殺菌和殺蟲特性的新產品，以及 Graminone（一種替代汞基化合物的新型種子消毒劑）。他接下來的任務是研製新的殺蟲劑，以取代昂貴而且往往不大有效的天然殺蟲劑或平價但有毒的砷化合物——這是企業尋找更好的替代品，最終促成一種新化合物全球普及使用的又一個例子。

　　當時，研發更好的殺蟲劑看來很難成功。理論上，理想的殺蟲化合物應該使盡可能多的物種快速中毒，但對哺乳動物和植物應該無毒（或毒性極小），而且應該無刺激性、無臭味、持久有效（化學性質穩定），而且成本低廉。當時已知的殺蟲劑，包括最常見的除蟲菊（從菊花中提取，主要從日本進口）、魚藤酮（源自一些豆科植物）和尼古丁（源自菸草和其他茄科植物），沒有一種是持久有效的，而且多數相當昂貴，其中一些對人體有毒或有刺激性。

　　1939 年，經過四年的研究和測試了 349 種可能有用的物質之後，穆勒發現了一種或許可用的分子。公司裡其他人所做的實驗顯示，帶有氯甲基（-CH$_2$Cl）的化合物對飛蛾具有口服毒性，此外他注意到1934年《化學學會會刊》（*Journal of the Chemical Society*）上的一篇論文，兩位英國作者在文中描述了一種二苯三氯乙烷的配製方法，而他很想知道 -CCl$_3$ 這個基團是否具有接觸殺蟲效力。因此，他在1939年9月合成了二氯二苯三氯乙烷（俗稱滴滴涕或DDT），而測試結果立即顯示，它具有任何已知化合物都無法比擬的接觸殺蟲效力。

但這並不是一種未知分子，1874年，奧地利化學家奧特馬·蔡德勒（Othmar Zeidler）在史特拉斯堡大學學習時（1871年法國戰敗後，當地當時屬於德國），首次合成了這種有機氯化合物。蔡德勒完全沒有嘗試應用他的這項發現，而這在十九世紀下半葉並不罕見，在那數十年間，有很多新合成的有機化合物並沒有立即投入使用，包括（如前所述）1853年首次合成的有機金屬化合物四乙基鉛，以及歐根·鮑曼（Eugen Baumann）1872年合成的聚氯乙烯（PVC）──現在是世界上第二重要的塑膠，產量僅次於聚乙烯（PE）。

穆勒發現滴滴涕──無色、無味、近乎無臭的結晶化合物──是一種高效的殺蟲劑，而後續測試很快就證實它可以殺死蚊子、蝨子、跳蚤、白蛉和科羅拉多馬鈴薯甲蟲。滴滴涕隨後很快取得專利（瑞士1940年、英國1942年、美國1943年），而嘉基公司開始銷售兩種濃度的滴滴涕殺蟲劑：5％（Gesarol噴霧劑，用來對付馬鈴薯甲蟲）和3％（Neocide粉末，主要用於防治蝨子）。
拜美國駐伯恩武官介入所賜，1942年11月紐約收到了滴
滴涕樣品，而美國軍方在除蟲菊短缺的情況下，開始使
用這種化合物來防治瘧疾、斑疹傷寒和蝨子──先用於
歐洲，然後是太平洋島嶼。

　　結果令人信服。1943年夏季的兩個月裡，在西西
里島，美軍有21,482人因為瘧疾入院，而因為戰鬥傷亡
（受傷和死亡）的人數為17,375人。一張公共衛生海報說
得對：「瘧蚊比敵人殺死更多人。」1943年8月，滴滴
涕開始在義大利實地測試；到了1945年，瘧疾新發病例
減少超過80％，而滴滴涕還被用來對付流行於那不勒斯
的斑疹傷寒──使用方式雖然堪稱不分青紅皂白，但效
果顯著。從1943年12月中開始，約130萬人被撒了滴滴
涕（他們必須在手腕和腳踝處綁緊衣服，然後從他們的
衣領和腰圍處撒入滴滴涕粉末），而兩個月後，那不勒
斯沒有再出現新的斑疹傷寒病例。第二次世界大戰結束
和隨後一段時間裡，盟軍疏散集中營和監獄裡的人以及
遣返被驅逐者時，廣泛使用了滴滴涕。

　　這種快速、高效的疾病預防表現，帶給滴滴涕非
常正面的公眾形象，而戰後滴滴涕在根除瘧疾方面的應
用（先用於美國和南歐部分地區）進一步增強了這種形
象。1948年，保羅・穆勒榮獲諾貝爾生醫獎，因為「他
發現滴滴涕對幾種節肢動物有很強的接觸毒性」，而頒
獎詞總結道：「毫無疑問，這種物質已經保護了數十萬

人的生命和健康」（圖2.4）。滴滴涕拯救的人命總數隨後不斷增加：1970年，美國國家科學院生命科學研究委員會得出「滴滴涕對人類的貢獻只有少數幾種化學品可以媲美」的結論，因為在不到20年的使用時間裡，滴滴涕防止了5億人死於瘧疾，而這種化合物也成為全球消除飢餓、營養不良和疾病的新工具之一（其他重要工具包括使用越來越多合成氮肥種植的新型矮稈高產小麥和水稻品種）。

在美國，滴滴涕於1945年10月開始作為農用和家用殺蟲劑公開販售，而它在保護農作物方面的應用迅速增長。當然，因為這種化合物對昆蟲有明顯的神經毒性，它對人類健康的影響引起關注。英國著名昆蟲學家派崔克・巴克斯頓（Patrick Buxton）1945年發表了最早的其中一份評估報告，結論是滴滴涕兼具強勁殺蟲力和對哺乳動物毒性低的特點，而雖然大劑量接觸可能導致肝臟病變和顫抖，但沒有證據顯示它會傷害製造或使用的人。因此，「經過非常廣泛的兩年經驗之後，我覺得我們可以說，滴滴涕用作殺蟲劑是無害的。」但是，滴滴涕的持久效力引人擔憂：浸過滴滴涕的衣服即使洗了幾次，仍可以殺死蝨子，而沉積在牆壁或玻璃板上的滴滴涕薄膜，可以持續殺死蚊子和蒼蠅許多個星期。

1950年代末，隨著滴滴涕的農業應用以及大規模噴灑滴滴涕以控制蚊子、枯葉蛾和吉普賽蛾的做法變得普遍，出現了第一批關於其不良影響的報告。1958年，英

圖2.4 保羅・赫爾曼・穆勒因為研究滴滴涕而榮獲1948年諾貝爾生醫獎。

國自然保護協會的德瑞克‧雷克里夫（Derek Ratcliffe）報告了他的發現：1950年代初，遊隼鳥巢裡突然出現異常大量的破蛋。同年，伊利諾州自然史調查局的羅伊‧巴克（Roy Barker）在《野生生物管理期刊》（*Journal of Wildlife Management*）發表了一篇論文，呼籲人們注意「在某些情況下適量使用滴滴涕，可能導致這種物質集中在蚯蚓身上，在近一年後對知更鳥產生致命影響。」其依據是1950年5月至1952年5月間，伊利諾大學厄巴納分校主校園的榆樹被噴灑6％的滴滴涕溶液所產生的影響：在此期間，校園裡發現21隻垂死的知更鳥，而牠們的大腦裡有異常大量的滴滴涕或其代謝物。此一發現成為四年後發表的針對滴滴涕的詳細控訴的關鍵部分。

在雷克里夫和巴克發表其發現的同一年，瑞秋‧卡森（Rachel Carson）── 曾受雇於美國魚類及野生生物署的海洋生物學家，因為之前出版的《大藍海洋》（*The Sea Around US*）成為暢銷書，因此經濟上得以自主，於1952年離職 ── 開始研究一些受滴滴涕噴灑影響的社區（主要在美國東北部）的反滴滴涕活動（圖2.5）。這些團體成立了反大規模毒害委員會（Committee Against Mass Poisoning），有一次甚至針對美國農業部申請禁制令。卡森也開始蒐集有關殺蟲劑風險的資料，原本打算在為《紐約客》撰寫的一篇文章中報導這些事情，但隨著蒐集到越來越多資料，她決定寫一本書。書稿先是經過編輯（和刪節），1962年6月起在《紐約客》上連

圖2.5 瑞秋‧卡森（1907-1964），其著作《寂靜的春天》幫助
促使美國公眾反對滴滴涕。資料來源：美國魚類及野生生物署。

載，然後由霍頓米夫林（Houghton Mifflin）出版社出版了完整版本，並入選「每月之書俱樂部」（Book-of-the-Month Club）的推薦書目，最後由哥倫比亞廣播公司製作成電視專題片。

這三部曲使得《寂靜的春天》（*Silent Spring*）成為 1960 年代最著名的非虛構作品。該書將使用滴滴涕視為人類對自然秩序至為嚴重的干擾，而且作者有意引起最廣泛的公眾效應。書名源自伊利諾州欣斯代爾村一名居民在 1958 年寫的一封信，該信寫於當地以滴滴涕噴灑榆樹數年之後：

> 鎮上幾乎沒有知更鳥和椋鳥了；我的架子上已經兩年不見山雀了，今年紅雀也不見了；附近築巢的鳥似乎只有一對鴿子，也許還有一個貓鳥家庭。很難向孩子們解釋那些鳥已經被滅絕了……他們問：「牠們還會回來嗎？」我沒有答案。

寂靜的春天降臨美國，這個意味深長的意象由此產生。

展望未來，卡森提出了一些可怕的設想。在該書第 1 章「明日寓言」中，卡森故意將貼近現實的可能情況與兒童幾乎立即死亡這種絕對離譜的誇張說法混為一談：

> 農民們談到他們的家人得了很多病。城裡的醫師對病人出現的新病症越來越感到困惑。這裡已經發生過好幾次原因不明的突然死亡事件，死者除了有成年人，甚至還有兒童，他們在玩耍時突然發病，然

後在幾小時內死去。

　　這裡出現了一種奇怪的寂靜。例如鳥兒，牠們
去哪裡了？……這是一個無聲的春天。

　　該書第11章討論殺蟲劑的毒性，毫不隱晦地將殺蟲
劑的製造者描述為「超越波吉亞家族想像」的下毒者。

　　雖然《寂靜的春天》從更廣闊的視角探討人類對生
物圈的影響，雖然卡森一再指出，在滴滴涕問世之後出
現的其他殺蟲劑如何毒性更強、對生物群的危害如何更
大〔「安特靈（endrin）……使所有此類殺蟲劑的始祖滴
滴涕相對之下顯得近乎無害」〕，她還是以滴滴涕作為全
書長篇控訴的核心，在書中提到滴滴涕將近兩百次。該
書出版後引起的反應令人嘆為觀止。

　　《寂靜的春天》立即成為暢銷書，留在《紐約時報》
暢銷書榜上八十六週之久。它被視為前所未有的控訴，
一場揭露真相的「巨大海嘯」，「掀起了現代環保運
動」，就像哈里特・比徹・斯托（Harriet Beecher Stowe）
的《湯姆叔叔的小屋》引起人們對奴隸制的反感，或
是湯瑪斯・潘恩（Thomas Paine）的《常識》（*Common
Sense*）總結了美國革命開始時的激進情緒那樣。市場上
無可避免湧現了許多關於這本書的著作，而它成為經典
著作，即使是從未讀過這本書的許多人（包括在這本書
出版後出生、聽說過這本書的許多代人），也清楚知道
它傳達的訊息：滴滴涕以許多方式扼殺和傷害生命。

　　隨著該書出版導致人們普遍支持禁用滴滴涕，進

一步的調查研究詳細指出了新發現的有害影響，尤其是該化合物導致美國部分地區猛禽（特別是遊隼和白頭海鵰）數量災難性減少，以及證實滴滴涕對知更鳥的危害絕對超過甲氧基氯（這是直到2003年才被禁用的另一種常用殺蟲劑）。1971年和1972年，新成立的美國環保局針對滴滴涕舉行了長達七個月的聽證會，記錄了超過九千頁的證詞，而環保局聽證官艾德蒙‧史溫尼（Edmund Sweeney）整理出一份113頁的報告，內容包括建議的調查結果、結論和命令，在1972年4月25日刊於《聯邦公報》（*Federal Register*）。史溫尼認為不應該禁用滴滴涕，因為它有必要的用途；它不是殺蟲劑家族中「唯一」的犯罪者（有些替代品會產生更有害的影響）；它「對人類沒有致癌、誘發突變或導致畸形的危害」；其管制用途「對淡水魚、河口生物、野生鳥類或其他野生生物沒有有害影響」。

　　但短短六個星期後，環保局長威廉‧洛克豪斯（William Ruckelshaus）就公布了禁用滴滴涕的決定，其依據是「對環境構成風險」的綜合因素。支持該項決定的主要因素包括：滴滴涕在（陸地和海洋）生物體內累積、在食物網中轉移、在土壤中長達數年（或甚至數十年）的持久性、對水生生態系統的汙染、對許多益蟲的殺傷力、對魚類的毒性、導致鳥類蛋殼變薄進而影響鳥類繁殖，以及可能存在的致癌風險。這些因素「對人類和較低等生物構成無法量化的未知風險」，進一步使用因此會產生「不可接受的風險」，因此有必要預防性禁止以它繼續作為棉花、玉米、豆類、花生和蔬菜等許多常見作物的殺蟲劑。

此一決定出現在美國國家科學院一委員會盛讚滴滴涕對人類貢獻巨大之後不到兩年，受到了強烈批評，而且批評者不僅是參與生產和應用這種殺蟲劑的公司，提出質疑的人包括諾曼・布勞格（Norman Borlaug）和美國一些著名的昆蟲學家，布勞格的高產作物品種大大提高了世界主要農作物的產量，他認為禁用滴滴涕是個可怕的決定。在美國爭論滴滴涕禁令之際，《科學》（Science）期刊刊出一封加州大學昆蟲學家的來信，他認為禁用滴滴涕是基於情感和神祕因素的判斷，並指雖然人類廣泛和大量使用滴滴涕，沒有證據顯示正當使用滴滴涕會傷害人或動物。來自羅格斯大學的另一位生物學家則質問：「這場荒謬的運動將導致多少有效、安全和經過驗證的殺蟲劑被取締？」

後來，在被指責作出政治決定後，洛克豪斯解釋了他的理由：

> 我和《化工周刊》（Chemical Week）的一名記者談過，他問我這是不是一個政治決定？我說是小 p（small "p"）政治，是一個社會嘗試決定承受什麼風險以獲得什麼利益。我不是在談大 P（big "P"）政治。然後他的社論說，我承認這是一項政治決定。

但是，反對滴滴涕的理由，既不在於卡森想像中的誇張情況，也不在於洛克豪斯決定無視聽證官的結論。禁用滴滴涕的決定之所以合理，是因為1972年之後的研究使我們更深入了解情況，清楚認識到該化合物對環境的影響使我們有理由預防性禁止其大部分用途，而且與某些說法相反，該禁令並未產生任何令人遺憾的嚴重後果。

瑞典在1970年禁用滴滴涕，比美國更早，而美國的禁令並沒有終止滴滴涕的所有用途：政府可以給予豁免，而在1970年代，滴滴涕在幾個州（包括路易斯安那州、加州、科羅拉多州、新墨西哥州和內華達州）被用來抑制攜帶斑疹傷寒和鼠疫病媒的跳蚤、象鼻蟲和蛾。但隨著大規模的農業噴灑終止，生物（脂肪組織、血液）中的滴滴涕含量開始下降，而除南極洲外的所有大陸最終都研究了滴滴涕和DDE（雙對氯苯基二氯乙烯，滴滴涕的代謝物）導致的鳥蛋殼變薄問題。損害程度因物種不同而有顯著差異，最值得注意的是，雞和鵪鶉完全不受影響，而猛禽和食魚物種則因為滴滴涕和DDE在脂肪組織中的生物累積而最容易受到影響。

因為受影響鳥類血液中的鈣濃度保持正常，很可能是DDE影響了這種礦物質經由蛋殼腺黏膜的輸送，從而使得蛋殼厚度顯著縮減——最常見的情況是縮減15～25％，嚴重情況可能縮減50％。直接測量博物館收藏的前滴滴涕時代的鳥蛋殼厚度是不可能的，除非打破它們（鳥蛋的內容物經由微孔被取出，無法使用測微計），雷克里夫因此設計了一個指數（重量／長度×寬度），使得舊鳥蛋能與新鳥蛋比較。而後來在渥太華國家野生生物中心的大衛・皮卡爾（David Peakall）意識到，由於DDE的持續存在，他或許能夠測量空鳥蛋內乾掉的膜中的DDE含量，結果他真的以己烷填滿博物館收藏的數十年前的鳥蛋，然後利用色層分析找到了DDE。

　　他對英國遊隼蛋的研究顯示，1933年、1936年和1946年蒐集的鳥蛋找不到DDE，但是1947年蒐集的五窩鳥蛋中有四窩可以找到DDE。因此，到了1960年代初，遊隼在英國、美國東部和加拿大南部完全消失了。受蛋殼變薄影響的其他猛禽，包括魚鷹、白頭海鵰、松雀鷹、紅尾鵟，以及近至2006年至2010年間被重新引入加州中部、以生活在南加州海灣的海獅屍體為食物的兀鷲（該海灣過去曾被一家滴滴涕工廠排放的廢棄物汙染）。被記錄到數量減少的食魚鳥類，包括雙冠鸕鶿、褐鵜鶘、非洲魚鷹、大藍鷺和白臉朱鷺。此外，滴滴涕的持續存在，意味著一些鳥群的蛋殼厚度尚未恢復到正常水準：格陵蘭遊隼的蛋殼厚度數十年來一直穩定增加，但可能要到2034年，才可以恢復到滴滴涕使用前的正常水準。

　　由於滴滴涕和DDE的存在逐漸減少，加上在受影響最嚴重的地區圈養繁殖和重新引進猛禽，先前絕跡或數量大減的一些物種普遍恢復一定的規模。但是，滴滴涕禁令對防治瘧蚊有什麼影響呢？防治瘧蚊是滴滴涕最常見的公共衛生用途，最初在薩丁尼亞島、希臘和美國南部迅速取得成就，但在1950年代，隨著越來越多的國家開始大規模噴灑滴滴涕，天擇導致了抗滴滴涕蚊子的出現。正如莫拉格・達根（Morag Dagen）指出的：「計劃好的全球抗瘧疾運動還沒開始，蚊子就已經適應了滴滴涕。」

1970年代初歐洲和美國的滴滴涕禁令，並不適用於其他地區（美國生產滴滴涕以供出口的活動一直持續到1980年代中期），而印度作為滴滴涕的主要使用國和出口國（主要出口到非洲）也不斷擴大產量，1977年在馬哈拉什特拉邦新建了一家滴滴涕製造廠，2003年又在旁遮普邦新建了一家。但是到那時候，印度已是全球僅剩的三個滴滴涕生產國之一（另外兩國是中國和北韓，後者產量很少）。1990年代末，各國開始談判，希望達成全球協議消除殺傷力強勁且持久的多種有機汙染物。談判於2001年完成，《斯德哥爾摩公約》（Stockholm Convention）於2004年5月成為具有法律約束力的公約，最初取締九種化合物，包括殺蟲劑阿特靈（aldrine）、氯丹、安特靈、靈丹（lindane）和滅蟻樂（mirex），並規定滴滴涕只可以用於熱帶國家的瘧疾控制工作。

2006年，世界衛生組織重新審視了它的滴滴涕指南，並確認滴滴涕是獲准在室內使用的12種殺蟲劑中最有效的一種（能夠減少瘧疾傳播多達90％），而且正確使用滴滴涕不會傷害人類或野生生物。2011年，世界衛生組織重申，「病媒防治仍需要、也仍在使用滴滴涕，原因很簡單：沒有替代品具有同等的效力和可操作性，特別是在高傳播地區」，並且指出，減少和最終完全停止使用滴滴涕，有賴開發出替代品和財政上幫助最窮的國家。在二十一世紀的第二個十年裡，印度仍是滴滴涕的最大使用國，直到2015年才開始加入《斯德哥爾摩公約》展開談判。2019年時，包括印度、墨西哥、巴西、撒哈拉以南六個非洲國家在內的11個國家，仍准許滴滴涕用於室內殘效噴灑，而全球未能根除瘧疾不能歸咎於滴滴涕的使用受到限制。

　　2019年時，瘧疾流行於87個國家，約有2.3億個病例，但撒哈拉以南非洲國家占所有病例91％，僅奈及利亞和剛果民主共和國兩個國家就占了近40％。抗藥性是根除瘧疾失敗的原因之一，截至二十世紀末，已經有超過五十種瘧蚊對滴滴涕具有抗藥性，包括撒哈拉以南非洲和亞洲傳播瘧疾的主要蚊子，而且對其他化合物產生抗藥性的情況也很普遍。截至2019年，有73個國家發現至少一種瘧疾傳播物種對至少一種殺蟲劑有抗藥性，28個國家發現瘧蚊對所有四類主要殺蟲劑有抗藥性。這種抗藥性嚴重削弱了滴滴涕防治瘧蚊的能力，但並未使它失去這方面的作用（它對瘧蚊的毒性雖然大為減弱，但仍可發揮驅蟲劑和刺激劑的作用）。雖然在過程中遭遇到一些挫折，但在1950年代和1960年代，持續使用滴滴涕還是根除了北美、歐洲和加勒比海大部分地區的瘧蚊。為什麼非洲不行呢？

　　正如麥可・帕默（Michael Palmer）指出，成功根除瘧疾並非取決於使用任何一種化合物，而是取決於採取

多種措施預防和控制這種疾病的綜合能力，首先是經濟
發展，包括衛生、監測和治療的能力，而瘧疾新發感染
率很高的地方往往是經濟發展程度很低的地方，這一點
非常明顯。滴滴涕對防治瘧疾的作用仍存在爭議，一貫
支持全面禁用滴滴涕的人極力貶低這種化合物在1945年
之後防治瘧疾的作用，但也有許多支持滴滴涕的人認為
限制使用滴滴涕適得其反，並聲稱滴滴涕禁令已導致數
百萬人死亡。在此之外，有一種中間立場承認在某些情
況下，使用滴滴涕進行室內殘效噴灑仍是最好的防治措
施，但無條件認為滴滴涕是這種應用的安全選擇是站不
住腳的，因為忽視了支持針對滴滴涕採取預防措施的累
積證據。

　　人類從未面臨（卡森說的那種）孩子「在玩耍時突
然發病，然後在幾小時內死去」的危險，但在滴滴涕開
始大規模應用75年後，我們對它如何影響健康已經有相
當好的認識。我們知道，急性大量接觸滴滴涕會產生各
種反應，包括興奮程度提高、顫抖、頭暈、痙攣，以至
出汗、頭痛、噁心和嘔吐。長期職業性接觸可能導致永
久的行為改變，包括注意力減弱、視覺訊息與身體運動
失去同步性，以至各種神經心理和精神症狀。

　　2008年有場會議，討論了生產滴滴涕的當前和遺
留影響，它既承認滴滴涕過去在預防蟲媒疾病方面的貢
獻，也指出持續的室內殘效噴灑導致人類大量接觸滴滴
涕和DDE，而由此造成的風險極少有人研究（相對於職

業性接觸的風險而言）。此外，一如許多其他接觸，兒童、孕婦和免疫力低下的人可能面臨最大風險，而在那些室內噴灑滴滴涕的瘧疾流行地區，感染 HIV 病毒／愛滋病發病率也很高。由於滴滴涕和 DDE 具有親脂性，非洲婦女長期餵養母乳可能導致嬰兒接觸到過高劑量的滴滴涕／ DDE。

2019 年一項評估檢視了七十年來發表過的相關研究，結果發現就多數非癌症和癌症結果而言，證據並不一致，只有一些研究發現了關聯性。一致的證據顯示，接觸滴滴涕與流產或早產、嬰兒和兒童氣喘以及肝癌有關。但是，即使在這些情況下，這種關聯性也只是觀察到的，並不是因果性的；此外，聲稱存在關聯的多數研究並沒有剔除接觸可能與滴滴涕有關的其他有機氯化合物對研究的干擾。有限的證據顯示，滴滴涕與非何杰金氏淋巴瘤和睪丸癌有關，而國際癌症研究機構（IARC）2015 年將滴滴涕歸入「很可能對人類致癌」的類別。滴滴涕還可能抑制免疫系統和擾亂內分泌，可能提高乳癌的發病率。

滴滴涕的使用歷史清楚顯示，它的興衰軌跡與含鉛汽油有一些明顯的相似之處，但要評估這種殺蟲劑數十年來大規模使用的整體累積影響則困難得多。含鉛汽油確實提高了燃燒效率，但毫無疑問，減少汽車廢氣排放帶來的健康效益，被排放一種已知和持久的神經毒素所造成的危害遠遠蓋過了。相較之下，如果我們不對農作物大規模噴灑滴滴涕（環境中因為這種噴灑出現了一種持久的汙染物，並且導致我們希望防治的昆蟲因此普遍出現滴滴涕抗藥性），則滴滴涕在許多國家根除瘧疾和在其他國家抑制瘧疾的無可爭議貢獻，或許就會顯得更正面。

　　滴滴涕最終成為我們必須淘汰的幾種持久性有機殺蟲劑之一。瑞典在1971年開啟了這個過程，而美國環保局1972年的預防性禁令產生了最大的影響。到了2001年，在《斯德哥爾摩公約》要求徹底或近乎徹底淘汰的12種化學品名單中，滴滴涕高居榜首。目前在印度和一些非洲國家，仍然使用滴滴涕做室內殘效噴灑，但滴滴涕興起（伴隨著對該化合物持久殺蟲能力的驚歎）和衰落（因為滴滴涕對生物群有惡劣影響，而且抗藥性問題變得普遍）的軌跡現已接近完成。

　　滴滴涕現在屬於這樣一種發明：面世時不但受歡迎，還被視為將帶來真正的變革，但後來被歸入不可取的發展類別。如果我們從一開始就嚴格限制滴滴涕的用途，僅用於受嚴格管制的抗瘧疾措施，從不用於大規模噴灑農作物，情況會不會有所不同？也許會，但這種化合物最初在二戰最後階段被軍方用來抑制病媒，以及後來在綠色革命（Green Revolution）*中迅速成為一項關鍵工具，導致那種謹慎和嚴格控制的應用變得不可能。至

---

*二十世紀中期起，農業領域展開的一場生產技術變革。

少就此而言，滴滴涕因為早期的成功犧牲了後來的發展。

氟氯碳化物

冷凍和空調是這樣一種技術的絕佳例子：它們無處不在，對現代文明的延續至關重要，但其運作不引人注意，被視為理所當然，通常是看不見的，正常運作時只會產生微弱的聲音和所需要的涼爽或冷凍程度。壓縮機是冷卻和冷凍的必要裝置，它們穩定地工作，隱藏在金屬盒子裡，不會引起總是熱中報導人工智慧或基因工程技術發展的媒體注意。與壓縮機最相似的也許是變壓器。變壓器的數量甚至更多，它們的作用是提高或降低電壓，以便長距離輸送電力（使用高達 1,100 千伏特的超高電壓）或提供電力給手機（仰賴電壓低於 5 伏特的電池），而不同於有時噪音很大的壓縮機，變壓器在運作時總是完全安靜。

在現代冷凍技術出現之前，以低溫保存食物和飲料的方法，僅限於切割、運輸和儲存冰塊（這在十九世紀成為一個重要的季節性產業），或從多孔黏土容器中蒸發水分，室內則只能仰賴遮陽、厚牆或產生冷卻煙囪效應的建築設計來保持涼爽。1805 年，奧利弗・埃文斯（Oliver Evans）提出一種基於乙醚的閉合循環冷凍系統，而在 1828 年，雅各・帕金斯（Jacob Perkins）和理查・特里維西克（Richard Trevithick）提出一種空氣循環裝置，但這兩種設計都沒有付諸實踐。真正的突破出現在1834年，當時帕金斯為他使用揮發性流體乙醚作為冷凍劑的機械冷凍機器註冊了專利。每一個現代冷凍系統都使用與帕金斯冷凍機器相同的四個部分：壓縮機、冷凝器、膨脹閥和蒸發器，而帕金斯循環成了新型工業冷凍技術的基礎。

1855年，克里夫蘭出現了第一家製冰廠；1861年，雪梨出現了第一家肉類冷凍廠。最初為壓縮機提供可靠動力的是蒸汽機，而從1880年代開始，電力成為一種好得多的能源，使用時安靜且乾淨，但當時還沒有很好的冷凍劑——在冷凍或冷卻循環中一再經歷壓縮、膨脹和再壓縮的化合物。詹姆斯·康姆（James Calm）在他的歷史調查報告中，將第一代冷凍劑（業界在1830年代至1930年代初的第一個一百年裡使用的冷凍劑）描述為任何容易取得而且有效的東西，這些冷凍劑包括：醚、碳氫化合物〔從輕質的甲烷（CH_4）、乙烷（C_2H_6）和丙烷（C_3H_8）到較為重質的異丁烷、丙烯、戊烷（C_5H_{12}）〕、二氧化碳（CO_2）、氨（NH_3）、二氧化硫（SO_2）、氯乙烷（CH_3CH_2Cl）、甲酸甲酯（$HCOOCH_3$）和四氯化碳（CCl_4）。

理想的冷凍劑應該是不易燃、無毒和不容易發生化學反應的，如果冷凍劑從破損的管道或發生故障的壓縮機中溢出，不應該著火、令人窒息或中毒，也不應該與可能遇到的其他化合物結合。二氧化碳無毒且不可燃，但因為比空氣重，可能積聚在密閉空間低窪處，取代了氧氣並使人窒息。因為沒有很好的替代品，連一些易燃氣體也被宣傳為可接受的冷凍劑。1922年有個廣告聲稱丙烷「是一種中性化學物質」，「既不有害，也不難聞」，而且若有需要，「工程師可以在其蒸汽中工作，不會造成不便。」誠然，丙烷的毒性很低，但由於它比空氣重，如果在密閉空間中洩漏出來，會積聚在接近地面處，有引起火災和爆炸的危險。

　　1860年，斐迪南‧卡雷（Ferdinand Carré）為使用氨（俗稱阿摩尼亞）作為冷凍劑的冷凍循環註冊了專利，而雖然這種化合物本身存在風險（對皮膚、眼睛和肺部有腐蝕性，濃度達到300 ppm時有劇毒），但能夠產生最好的淨冷凍效果（以每單位冷凍劑從冷凍空間吸收的熱量來衡量），因此成為大型工業系統的首選冷凍劑，直到今天仍是這樣。氨也是易燃物（在空氣中的體積濃度為15～28％時），但其易燃性低於碳氫化合物冷凍劑，而且濃度只要達到20 ppm就能聞到臭味，即使沒有感測器也很容易檢測得到。即使如此，因為大型冷藏設施會有意外洩漏冷凍劑的問題，現在已開發出精密的感測和控制裝置。

　　這些「天然」冷凍劑──易燃的碳氫化合物、腐蝕性的氨、有毒的二氧化硫──若用於家用冰箱，顯然都不是安全和人們容易接受的選擇。在1920年代末，這顯然阻礙了家用冰箱的大規模普及。第一次世界大戰前夕，美國出現了第一批小型食物冰箱，但冰箱的普及取決於電氣化的速度和電力成本。到了1925年，美國一半的家庭已獲得電力供應，電價也在下降。要使冰箱像收音機那麼普及，唯一需要的基本改進就是找到更好的冷凍劑。

與此同時，通用汽車成為美國主要的冰箱製造商的母公司。1915年，艾弗烈·梅洛斯（Alfred Mellows）設計出了他的第一台冰箱，但在底特律僅能賣出少量產品，其公司1918年被通用汽車的創始人威廉·杜蘭特（William Durant）收購，而杜蘭特隨後將該公司賣給了通用汽車。不過，當時冰箱生意並不興旺。富及第（Frigidaire）的設計以二氧化硫作為冷凍劑，而因為這種化合物顯然會危害健康，家用冰箱只能放在室外走廊上，也不可以放在醫院或餐廳裡（圖2.6）。通用汽車的研究實驗室負責人查爾斯·凱特林於是再度登場，他意識到，「冷凍業必須找到一種新的冷凍劑，才可能有所作為」，而且展望未來，他還想到了熱帶國家巨大的冷凍市場（最終還有空調市場），以及汽車空調。

一如電啟動器和含鉛汽油，凱特林決定藉由針對性的研究尋找解決方案，而湯瑪斯·米基利同意領導尋找更好的冷凍劑的工作（他在完成了含鉛汽油的研究之後，在康乃爾大學研究合成橡膠多年）。米基利最親近的研究夥伴是阿爾伯特·亨恩（Albert Henne）和羅伯·麥納里（Robert McNary），前者是氟化學專家，提出氟在氯化化合物中取代氯，或許可以產生理想的冷凍劑。

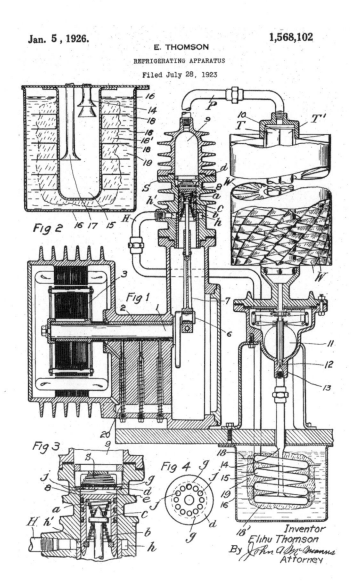

圖2.6 伊萊休‧湯姆森1926年申請的以二氧化硫作為冷凍劑的家用冰箱專利。資料來源：伊萊休‧湯姆森，冷凍設備（美國專利1,568,102號，1923年7月28日申請，1926年1月5日獲批），https://patents.google.com/patent/US1568102A。

他們合成的第一種氟氯碳化物（CFCs）是二氯二氟甲烷（CCl_2F_2），被稱為F12，以氟利昂（Freon）這個專屬名稱出售，其中間體是三氯氟甲烷（$CFCl_3$，被稱為F11），而雖然他們沒有生產這種化合物，但是知道也可以生產其過度氟化的替代品氯三氟甲烷（CF_3Cl，被稱為F13）。

他們在實驗中聞了F12，沒有受傷，隨後組織了一系列的小白鼠試驗，證明這種化合物是安全的。1930年4月，米基利在美國化學學會的會議上，以令人驚訝的方式介紹了氟利昂：他在臺上吸入了一點氟利昂（證明無毒！），然後慢慢呼出，使一根點燃的蠟燭熄滅（證明不易燃！）。1930年8月，通用汽車和杜邦成立了一家合資公司來生產和銷售這種化合物。1931年11月，氟利昂獲得了美國專利，使用「熱傳遞劑」（Heat transfers）這個通用名稱。這項生意立即產生可觀的報酬：1929年，通用汽車的冰箱累積出貨量已經達到100萬台，1932年達到225萬台（雖然當時美國正經歷二十世紀最嚴重的經濟衰退）；隨後，儘管經濟危機持續，然後又爆發了第二次世界大戰（大量工業產能轉用於軍事生產），但美國家庭擁有冰箱的比例，從1930年的10％升至1945年的近60％，然後再升至1952年的90％。

這種家用冰箱快速普及的情況，在戰後的歐洲和日本重演（有些國家只用了略多於一代人的時間就達到飽和狀態），而低收入國家中較為富有的城市家庭也開始擁有冰箱。到了1970年代初，在所有富裕國家，冰箱的數量都超過了彩色電視機，而許多美國人也受惠於帕金斯循環的兩個重要應用：截至1970年，全美約一半的家庭裝了空調設備，超過一半的新車也是。而在那個時候，家用冷凍以及廣泛使用的空間和汽車空調，只是CFCs眾多用途中的其中兩個，雖然這兩項用途都非常重要。因為CFCs具有穩定、無腐蝕性、不易燃、無毒、平價等多項可取的特性，因此也成為了噴霧推進劑（用於化妝品、油漆和醫用吸入器等產品）、塑膠絕緣材料（包括聚氨酯、酚樹脂和擠塑聚苯乙烯）生產、精密電子電路清洗，以及食用油和芳香油萃取的理想材料。

這導致CFCs產量呈指數型增加，最重要的兩種CFCs——F-11和F-12（後來被稱為CFC-11和CFC-12，或R-11和R-12）——的全球年產量從1934年的不到550噸增至1950年的逾5萬噸，再增至1960年的約12萬5,000噸，然後飆升至1974年的高峰81萬2,522噸。美國占了全球產出接近一半，主要的生產商包括美國的杜邦和聯合訊號（AlliedSignal）、英國的帝國化學工業（ICI），以及歐洲的阿克蘇（Akzo）、Atochem、赫斯特（Hoechst）、加麗化學（Kali-Chemie）和Montefluos。那麼，自1930年代初以來進入大氣中的近一千萬噸CFCs命運如何？沒有人知道——直到米基利公開其團隊的發現剛好四十年後，首次有人測量CFC-11在大氣中的濃度。

1970年，以提出蓋亞理論（認為地球是一個自我調節的超級有機體）而聞名的英國科學家詹姆士·洛夫洛克（James Lovelock），設計了一套測量大氣中CFC-11含量的程序。1971年，他在愛爾蘭西部的阿得里哥（Adrigole）首次測量，在來自東方的歐洲汙染氣流和來自大西洋的乾淨空氣中都檢測到這種化合物。他的結論是：CFC-11出現「在大氣中在任何意義上都不構成危害」，只能以非常靈敏的電子吸收技術才可以檢測到，而因為不存在天然的氣態氟化合物，CFC-11的濃度可視為氣團受工業汙染物汙染的指標。

然後在1971和1972年，洛夫洛克及其同事在一艘穿越大西洋、從英國航行到南極洲的船上定期測量CFC-11，發現該化合物在整個航程中的平均濃度約為50 ppt，而北半球的濃度比較高（這是意料中事）。結論顯而易見：CFCs滯留在大氣中，其惰性導致1930年之後人類生產出來的CFCs幾乎全都積累在高空。但是，這些化合物的存在是否一如洛夫洛克的團隊所言，因為「不干擾環境」而不構成「想像得到的危害」，抑或它們的積累會造成不良後果？提出後一種可能的假說出現於1974年。理查德·斯托拉斯基（Richard Stolarski）和雷夫·希瑟隆（Ralph Cicerone）率先提出氧化氯可能是平流層臭氧的一個重要吸收匯，並展示了臭氧分子可能如何在兩個催化循環中被破壞。

不久之後，舍伍德·羅蘭（Sherwood Rowland）和他的研究生馬里奧·莫里納（Mario Molina）在科學期刊《自然》（Nature）上發表了一篇簡短的論文，將CFCs中

的氯與臭氧被破壞直接連結起來，該論文的標題解釋了
他們的擔憂——〈氯氟甲烷在平流層的積累：氯原子催化
破壞臭氧〉（"Stratospheric Sink for Chlorofluoromethanes:
Chlorine Atom-Catalyzed Destruction of Ozone"）。十一年
後，這篇論文帶給了兩位作者諾貝爾化學獎。大氣混合
最終將非常持久的CFCs輸送到平流層，而莫里納在諾貝
爾得獎演講中簡潔概括了隨後發生的事：

> CFCs不會被清除大氣中多數汙染物的常見清潔機制
> 破壞，例如降雨或氫氧自由基的氧化作用。不過，
> CFCs會被短波長的太陽紫外線輻射分解，但只有在
> 漂移到上平流層（在大部分臭氧層之上）之後才會
> 發生，因為它們到了那裡才會遇到這種輻射。吸收
> 了太陽輻射之後，CFC分子會迅速釋出其氯原子，
> 然後這些氯原子將參與以下催化反應：
> $$Cl+O_3 \rightarrow ClO+O_2$$
> $$ClO+O \rightarrow Cl+O_2$$

在上列第一個催化反應中，氯破壞了臭氧，而第二
個反應又會釋出氯來展開新一輪的破壞。一個氯原子可
以破壞大約10萬個臭氧分子，然後才終於經由向下擴散
和與甲烷產生反應，脫離了平流層。這是一項非常令人
擔憂的假說，因為平流層的臭氧對高等生物的演化至關
重要：如果沒有它，地球上的生物將只剩下耐紫外線輻
射的微生物和藻類。約25億年前，因為海洋藍綠菌的光
合作用，含氧大氣層開始形成，而對流層氧氣濃度上升

最終導致臭氧積累於平流層；平流層位於對流層上方，延伸至距離地面約50公里處，臭氧濃度最高處距離地面約30公里，比珠穆朗瑪峰頂高超過20公里。

波長較長的所有紫外線輻射，都可以穿透這個臭氧防護層——波長在320至400奈米之間、短於可見光最短波長的 UVA，經由皮膚吸收，對維他命 D 的形成至關重要，但可能導致曬傷和白內障。平流層的臭氧會吸收波長短於295奈米的所有紫外線，使生物圈免受波長介於280～320奈米、能量最高、對 DNA 損害最大的紫外線輻射 UVB 傷害，從而使複雜的陸地和海洋生物得以演化出來。海洋浮游植物對 UVB 特別敏感，臭氧消耗會導致光合生產力降低。UVB 輻射還會影響海洋動物的繁殖能力和幼體發育，對陸地生物的影響則首先表現在動物和人類的白內障和皮膚損傷上，此外也會導致農作物產出減少。

1975年，魯道夫・贊德（Rodolphe Zander）藉由識別 CFCs 光解的最終產物，首次提出了 CFCs 進入平流層的明確證據，而在1970年代結束前，已經有兩個全球測量網絡投入運作。監測結果顯示 CFCs 濃度穩步上升，但仍無法證明羅蘭和莫里納概述的過程確實在破壞平流層的臭氧。不過，全球開始採取預防措施：全球 CFCs 產量從1974年的高峰下跌；1978年3月，美國、加拿大、挪威和瑞典禁止使用非必要的噴霧劑；1980年，歐洲共同體承諾為 CFCs 產能設定上限，以及減少噴霧劑使用量 30％。

　　1982 年和 1983 年，美國國家科學院的評估預測，以 1977 年的用量持續使用 R-11 和 R-12，最終將使全球臭氧減少 2～4％，而不是之前預估的減少 10～15％，這削弱了推動快速禁止 CFCs 的努力，但沒有終止相關行動。1985 年 3 月，43 個國家的會議達成了《保護臭氧層維也納公約》（Vienna Convention for the Protection of the Ozone Layer），承諾採取適當的管制措施來保護臭氧層，並在 1987 年之前達成一項具有約束力的國際協議。1985 年 5 月 1 日，《自然》期刊發表了一篇論文，駁斥了至少未來十年臭氧層受損問題將不大的預測，保護臭氧層因此成為更迫切的任務。該論文以約瑟夫・法曼（Joseph Farman）為首的作者與英國南極調查局合作，報告了南極洲春季總臭氧濃度顯著下降的情況，而此一發現被相當不準確地廣泛稱為南極每年季節性出現「臭氧層破洞」。

　　由於下平流層的環流似乎沒有變化，這看來最有可能是化學原因造成的。上述論文的作者認為，從冬至到春分之後的極低氣溫「使南極平流層對無機氯的增加特別敏感」，再加上極地平流層特有的紫外線輻射高度分布，可以解釋觀測到的臭氧損耗。1986 年，氣球探測儀所做的測量清楚顯示，氯反應發生在極地平流層雲的表面，上述現象因此得到了更好的解釋。這些發現加上眾所周知的 CFCs 悠長壽命（CFC-11 在大氣中的壽命為 46

年至61年，CFC-12為95年至132年），使人們認識到世界顯然需要有效的全球措施來保護臭氧層。

美國最大的CFCs製造商杜邦（占美國冷凍劑總產量約一半，占全球產量四分之一）所做的決定至關重要。隨後的分析，對杜邦與CFCs有關的一系列決定（有時前後不一）既有讚揚、也有批評，但該公司對及早禁止生產CFCs的支持，以及在相當迅速地提供商業替代品方面的貢獻是無可爭議的。在科學家發現南極臭氧層遭到破壞之前，杜邦就已經表示，如果有確鑿的證據證明CFCs造成危害，公司已經做好停止生產CFCs的準備，而且保證可以提供替代品，這對各國接受和迅速批准一項史無前例的全球協議至關重要。業界樂於承諾提供更好的替代品，無疑與新產品的價格預計將是原本支配市場的CFC-11和CFC-12的五到十倍有關。

因此，在產業界參與下，關於限制並最終禁用CFCs的具有約束力的國際條約順成完成談判，1987年簽定了最初的《蒙特婁議定書》，要求將市場上最常見的五種CFCs的產量減少50％。隨後的修訂要求，逐步完全淘汰所有CFCs和幾種氫氟氯碳化物（HCFCs）。1990年，《蒙特婁議定書》的倫敦修正案要求富裕國家在2000年之前、較低收入國家在2010年之前完全淘汰破壞性最強的CFCs；1992年，哥本哈根修正案將前者的期限提前到1996年。

在二十一世紀初，CFC-12是唯一年產量仍超過10

萬噸的CFCs，而在CFCs產量下降的同時，大氣中所有CFCs的濃度也在穩居高位一段時間之後緩慢下降。舊冰箱中的CFCs如果沒有適當處理（拆除並高溫焚燒）而只是丟棄，將在CFCs生產禁令生效很長一段時間之後繼續增加大氣的負擔。最值得注意的是，在中國，CFC-11和CFC-12的排放量在2011年觸頂，然後到2020年才停止。大氣中CFCs濃度的下降緩慢但穩定。對CFC-11過去水準的數據重建和監測（自1977年起）顯示，北半球的平均值從1950年的0.7 ppt升至1980年的177 ppt，1994年達到270 ppt的最大值，然後降至2020年的225 ppt。

那麼，這些相關禁令和限制措施，對南極臭氧層破洞有什麼影響？我們可以看兩個相關指標：臭氧層破洞總面積和臭氧消耗強度。1956年開始測量南極臭氧時，南極大陸上空的臭氧濃度平均約為300個多布森單位，而該水準一直維持到1970年代中期。隨後的下降使濃度跌至1995年的略高於100個多布森單位，隨後趨於穩定並緩慢回升（最低濃度上升）。聯合國2018年的評估認為，南極大陸的臭氧層正在復原，到了2060年或許可以回到1980年代之前的水準。但是，臭氧大量消耗區域的面積（臭氧層破洞的大小）持續波動。2019年，臭氧層破洞的面積只有約800萬平方公里，是有紀錄以來最小的；2020年，破洞面積擴大了兩倍，10月份達到約2,400萬平方公里的高點（相對之下，南極大陸面積僅為1,420萬平方公里）；2021年，臭氧層破洞面積進一步擴

大，達到2,470萬平方公里，是1979年有紀錄以來的第
八大數值（圖2.7）。

如果沒有《蒙特婁議定書》及其修正案，情況將
會如何？當然，答案取決於CFCs的產出。全球CFCs產
量在1985年之前連續多年減少，保羅・紐曼（Paul A.
Newman）及其同事發表的一份模擬報告提出了一種非
常惡劣的情況：假設生產不受管制，全球CFCs產量每
年增加3％（也就是大約每23年增加一倍），那麼相對
於1980年，持續的產出成長到2020年時將破壞全球平均
臭氧17％，到2065年將破壞67％；極地地區臭氧大量消
耗將成為長期現象；到2060年時，紫外線輻射增加將使
人口稠密的北半球中緯度地區的夏季紅斑輻射增加一倍
以上。顯然，即使影響只有這種估計的三分之一或五分
之一，我們就有必要採取實際上所採取的措施。

淘汰CFCs最容易的部分，可能是這種化合物在精
密電子和金屬清潔方面的應用，只要改用免洗助焊劑和
水性溶劑就可以了。在冷凍和空調等大規模用途方面，
履行《蒙特婁議定書》規定的義務，主要是靠以HCFCs
替代CFCs；HCFCs這種化合物數十年前就已為人所
知，其大規模生產和銷售只需要幾年時間就能做到。由
於大部分HCFCs在對流層（大氣層的最底層，延伸至地
面上方10～15公里）中擴散時會被化學反應清除，它們
破壞臭氧的潛力僅為最常用的CFCs的1～15％。

然而，HCFCs並非只是會破壞臭氧層（雖然相

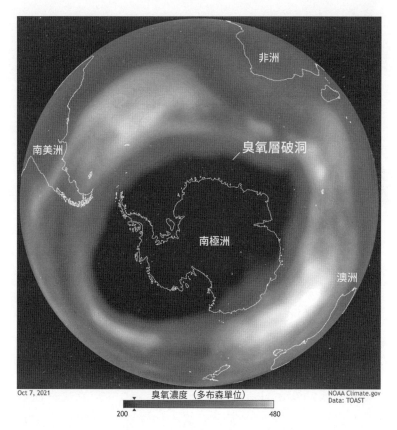

非洲

臭氧層破洞

南美洲

南極洲

澳洲

Oct 7, 2021　　　　　臭氧濃度（多布森單位）　　　NOAA Climate.gov
Data: TOAST
200　　　　　　　　　　　　　　　　　480

圖2.7 南半球2021年10月的臭氧水準。南極大陸上空的臭氧濃度仍然很低。資料來源：美國國家海洋暨大氣總署（NOAA）網站Climate.gov。

對沒那麼嚴重），這種氣體還是一個更棘手的環境問題——人為排放各種溫室氣體導致全球暖化——的重要促成因素。如果衡量各種氣體一百年的全球暖化潛勢值（GWP），並將二氧化碳（迄今人類活動排放的最大量氣體）的GWP設為1，則甲烷（來自天然氣生產和運輸、稻田，以及反芻動物的腸道發酵）的GWP為28，一氧化二氮（來自化肥）為265，現已被取締的CFC-11為4,160，CFC-12為10,200，而最常用的HCFC（CH_3CClF_2）為接近2,000。這些HCFCs的生產原本應該在2040年停止，但在2007年，《蒙特婁議定書》的高收入簽署國同意在2020年之前淘汰這些氣體，而低收入國家則從2013年起開始逐步淘汰，並將於2030年完成。

另一種可用的替代品是氫氟碳化物（HFCs）。HFCs不含氯，因此不會影響平流層的臭氧，也不受《蒙特婁議定書》管制，但廣泛使用HFCs有一個問題：它們的全球暖化潛勢並不小，兩種主要的HFCs——CHF_3和CH_2FCF_3——的GWP分別為12,400和1,300。回想起來，尋找理想冷凍劑的工作，現在似乎回到了1920年代末的狀態，當時是什麼有效就用什麼。第二代冷凍劑帶給我們安全性和可靠性，但那些化合物危及平流層的臭氧。第三代冷凍劑大大減少或完全消除了臭氧損耗問題，但是增加了溫室氣體的排放。

這一切似乎形同加速發生的一連串持續失敗——即使不是失敗，也是一再出現缺陷的解決方案。CFCs是理想的合成冷凍劑，取代了以前的天然冷凍劑，支配了市場近半個世紀；HCFCs在富裕國家居主導地位不到四十年；不含氯的HFCs完全解決了臭氧損耗問題，但大規模使用將導致溫室氣體的人為排放量大幅增加，如果考慮到亞洲和非洲低收入熱帶和亞熱帶國家未來對冷凍和空調的巨大需求，問題將會更嚴重。2020 年時，全球投入使用的空調機器約有 18 億台，光是中國和美國這兩個國家就占了超過一半，但這只是潛在總量的一小部分，因為生活在世界上氣候最溫暖地區的近 30 億人中，只有不到 10％ 的人擁有空調設備，而在美國或日本，該比例為 90％。

因此，我們比以往任何時候都更需要有效、安全、平價和環保的冷凍劑。我們又一次需要更好的替代品，但因為人類的化學知識在 1930 年之後已有巨大的進步，我們現在並沒有大量的選項有待探索，可以寄望從中找到既無毒、不易燃、非鹵化（即不含氯或氟），同時具有理想的沸點、低蒸汽熱容量、低黏度和高導熱性的新冷凍劑。在全球暖化問題越來越受關注的情況下，選擇低 GWP 的流體勢在必行，而最近曾被研究是否可能成為商用冷凍劑的東西，包括以前在 CFCs 流行前備用的「天然」選擇，如二氧化碳、氨、碳氫化合物（乙烷、丙烷、環丙烷）和二甲醚；一些氟化烷烴；氟化烯烴、含氧化合物，以及氮和硫化合物。

如果我們找不到任何可取的新冷凍劑，我們是否能夠在舊的「天然」冷凍劑中選擇一兩種，大規模用於住宅和汽車？有可能，但不一定。有一點是我們確知的：不同於引入含鉛汽油，CFCs 對平流層臭氧的破壞，是真正不可預見的創新失敗。因此，在我看來，網路上一些關於米基利促成含鉛汽油和 CFCs 冷凍劑面世的評論不但嚴重誇大，還顯然不正確，不過是一種並不了解情況的歷史修正主義，與媒體彷彿可以即時成為某方面專家的特質相稱。「發明了二十世紀最致命的其中兩種物質的人」；「湯瑪斯·米基利現在被視為歷史上最危險的發明家之一」——這是在講那個發明了核武器的世紀，如果我們問誰是罪魁禍首〔羅伯·奧本海默（Robert Oppenheimer）、詹姆斯·查兌克（James Chadwick）、李奧·西拉德（Leo Szilard），或看似有重大責任的許多其他人〕，就會發現這種歸因是多麼荒謬。

對城市狂轟濫炸需要發明和大幅改造比空氣重的飛行器，需要開採和提煉液體燃料來為它們提供動力，需要開發出電子導航系統以引導它們飛向目標，以及使用強力炸藥或燃燒彈來製造前所未有的遠端引發的破壞，而這種行動在二十世紀殺死了數百萬人（光是1945年2月對東京的空襲就燒死了超過20萬人），而CFCs並沒有造成任何即時死亡（我估計CFCs造成的延遲死亡也極少）。而難道因為卡爾·賓士、格特列·戴姆勒和威廉·邁巴赫發明了所有現代汽車的始祖，我們就要指責他們每年導致約120萬人因車禍死亡嗎？

第3章
以為勢將主宰市場
但未如預期的發明

許多極為重要的科學和技術突破在發生時並沒有得到應得的賞識。發表於專業期刊的原創論文只有少數專家讀過；專利可能被忽視和遺忘，或被斥為沒有貢獻任何新東西；發現的路徑可能被遺棄，數十年後才有人重新進入——只有到那個時候，它們才可能變成康莊大道，不僅通往新產業和新產品，還通往新的社會組織和互動模式。這方面歷來最好的例子也許是詹姆斯·馬克士威（James Maxwell）對電磁波理論的闡述和發展，他在他1865年至1873年的著述中完成了此一重大進步。馬克士威的見解，為所有現代無線電子技術奠定了基礎：收音機、電視機、手機、網際網路、全球衛星定位系統，這一切都不過是他的基本見解的高階技術應用。

在二十世紀的重大科技進步中，我想不出比第一項固態電子裝置專利更好的例子了，該專利1925年於加拿大、1926年於美國授予了德國物理學家朱利斯·艾德加·利林費爾德（Julius Edgar Lilienfeld）。後來在一段數十年的時間裡，人們一直將固態放大器（人類迫切需要這項發明來取代真空管中的大量熱玻璃）的創想，歸功於在貝爾電話實驗室工作的三位物理學家：1948年初，約翰・巴丁（John Bardeen）和沃爾特・布拉頓（Walter Brattain）申請了鍺點接觸電晶體專利，隨後威廉・蕭克利（William Shockley）申請了接面電晶體專利；三人分享了1956年的諾貝爾物理學獎。但貝爾電話實驗室最終承認（在它現已廢止的紀念網站上），它不過是重新發明了電晶體，而在1988年，也就是貝爾電話實驗室獲得那些專利四十年後，巴丁明確表示：「利林費爾德率先掌握藉由控制半導體中的電流來製造放大裝置的基本概念」，但他的構想要在商業上付諸實踐，還需要多年的理論發展和材料科學上的進步。

然而，在利林費爾德提出偉大見解之後的十年或二十年裡，可能接觸到他的想法的人或許只有那些搜尋檔案資料的專利律師。另一方面，一些科學構想和技術進步幾乎是一面世就大受歡迎，被視為非常有前途，普遍認為是新方向上的重大突破，為克服困難和長期挑戰以及創造新市場開啟了有益的發展。盤尼西林和隨後抗生素迅速興起（及過度使用！）的故事，就是這種期望得以實現的一個絕佳例子。但也有一些創新的發展軌跡令人失望：它們沒有沿著預期的軌跡發展；它們的崛起戛然而止或逐漸結束，或衰落到無足輕重的地步；它們的最終命運可能是在商業上徹底失敗，也可能是陷入令人失望的停滯狀態。

　　一如上一章，我選了三個突出例子，來說明這種早期的期望未能實現（或至少嚴重不如預期）的情況，並再次按照時間順序逐一闡述。飛船是一種輕於空氣的結構，最初由熱氣球演變而來，具有柔性外殼。但後來出現的大得多的飛船，則是內部排列著氣體容器的硬式結構。飛船的發展早於人類第一次認真嘗試使用重於空氣的機器飛行，但這兩種技術在二十世紀第一個十年裡都取得了重大進步。到了 1909 年，在以內燃機提供動力的大型硬式飛船首次飛行後不到十年，世界上第一家使用齊柏林飛船（Zeppelin）的航空公司誕生了；報紙和雜誌紛紛報導新型飛船令人印象深刻的飛行性能，並猜測它們即將征服洲際航空旅行市場。

　　這些發展因為第一次世界大戰而中斷，但到了 1930 年，德國齊柏林飛船已開始定期從法蘭克福飛到紐澤西，在曼哈頓的摩天大樓上方向哈德遜河下降。這充分展現了新的飛行能力，也告訴世人未來的進步大可期待！但七年後，輕於空氣的飛船客運，就變成了長途飛行史上一段立即結束的短暫插曲。相對之下，核分裂發電技術似乎屬於另一個類別；這種技術曾被視為向全世界提供潔淨和平價電力的終極解決方案，但始終未能主宰電力市場。

　　畢竟，核能發電已經成功商業化：目前核反應器在四大洲超過三十個國家運轉，而當中除了前蘇聯和日本，其他國家都累積了令人欽佩的安全可靠發電紀錄。

這些都是事實，但本章之所以納入核分裂技術，正是因為期望與實際成就之間的巨大差距。美國是世界上建造核反應器最多的國家，而在這裡，核分裂發電技術起初被宣傳為極其優越，最終將使電力「便宜到不值得用電錶測量用電量」〔此話不是捏造的，1954年，當時的美國原子能委員會主席路易斯・史特勞斯（Lewis L. Strauss）在紐約全美科學作家協會的活動上真的這麼說〕，但核電後來卻以電廠建造成本嚴重超支而聞名，而且主要因為無利可圖而沒有進一步的發展。

世界上多數國家都沒有考慮過商業上的核技術發展，未採用核電的主要經濟體包括澳洲、印尼、義大利、波蘭、泰國和越南，而在2020年，核分裂發電僅占全球發電量約10％（國家層面的比例為5％至70％，前者為中國，後者為法國），遠低於半個世紀前的預期。此外，兩次核電廠災難——1985年的車諾比事件和2011年福島第一核電廠的三座反應爐事故——強化了人們對核分裂的恐懼（也就是放大了恐懼和加深了誤解）。福島事件導致歐盟最大經濟體德國終止核能計畫，而即使核分裂宣稱是一種無碳發電技術，也不足以使它在全球近年追求經濟去碳化之際受到重視。

期望未能實現的最後一個例子是超音速飛行，也就是運輸工具的時速超過1,235公里（在海平面和攝氏20度下測量）。第一批飛船和隨後不久的第一批飛機在第一次世界大戰之前開始運送乘客時，超音速飛行完全是一種科學幻想。只要使用活塞的往復式汽油引擎是唯一可用的原動機，飛行速度要達到音速的一半也是不可能的，但噴射引擎（燃氣渦輪引擎）大大提高了飛行速度——這是一種新的內燃模式，捨棄了氣缸、活塞和閥門，仰賴持續燃燒來產生強勁的推進力。1940 年代末，軍用飛機首度實現了超音速飛行（軍用飛機率先做到這件事是可預料的）。

　　噴射客機在 1950 年代投入定期商業服務之後，許多工程師和一些國家的政府認為，下一步顯然是將其飛行速度（當時約為音速的 85％）提高至超音速。這將使洲際飛行時間縮短一半或更多，顯然具有商業吸引力，但必須克服技術和環境方面的許多障礙。飛行愛好者都知道歷時數十年的超音速飛行追求最終如何失敗了，而在本章最後一節，我將講述這個高科技故事，並將提到近年一些希望復興超音速飛行的努力——這一次將從比較小型的商務噴射客機開始。

飛船

　　二十一世紀初，人們對飛行的主流看法，主要受許多重於空氣的飛機設計的成功演化影響——這種發展最終創造出一個龐大的全球系統，在 2019 年（COVID-19 疫情爆發前）以超過 3,800 萬個航班運送了近 45 億名乘客，總客運收益公里數（RPK）約為 8.7 兆。相對於大型（可容納數百名乘客）但外觀時尚的現代噴射客機，輕於空氣（LTA）的飛行器顯得笨拙、過時、慢得惱人、效率低得令人絕望，而且運作極受天氣影響，因此不適合用於現代航空的任何主要用途。但在二十世紀的頭四十年裡（較準確而言是截至1937年），這無疑不是專家或公眾的主流看法——1937年，「興登堡號」飛船在又一次平安無事跨越大西洋之後，試圖在紐澤西洲雷克赫斯特（Lakehurst）著陸時突然起火焚毀，造成了至今最著名、立即被記錄下來的其中一場大災難。

LTA飛行的歷史始於氣球冒險。1783年9月19日，法國的孟格菲兄弟（Joseph-Michel and Jacques Étienne Montgolfier）將他們的熱氣球（由棉帆布和黏紙製成）注滿熱空氣，將三隻小動物（綿羊、鴨子、公雞）裝進柳條筐，在繫住氣球的情況下使它在國王和好奇的群眾面前升起。一如所有（熱空氣或輕氣體）氣球，他們的小型織物氣球是被動的，被盛行風吹著走，或因為無風而失去動能。在孟格菲兄弟展示熱氣球之後不到一年，羅伯特兄弟（Anne-Jean and Nicolas-Louis Robert）試圖用槳推動一個小型的加長氫氣球，但失敗告終，這開啟了方向和速度可由原動機控制的可操縱LTA飛行器的歷史。同年，即1784年，麥士烈（Jean Baptiste Marie Charles Meusnier）設計了一艘大得多的橢圓形飛船，由手搖螺旋槳提供動力——這又是一個非常不切實際的想法。

將近七十年後的1852年9月24日，朱爾·亨利·吉法爾（Jules Henri Giffard）推出第一艘真正的飛船。他的

飛船有一個可操縱的雪茄形非硬式氣囊，長 44 米，容積
3,200 立方公尺（注滿煤氣），動力來自一台 2.3 千瓦的蒸
汽機，重 113 公斤，需要一個 45.4 公斤的鍋爐來驅動一
個三葉螺旋槳。這個笨重的裝置還是太脆弱，無法迎著
盛行風飛行，只能緩慢地盤旋，時速不超過 10 公里，在
巴黎和埃朗庫爾（Élancourt）之間僅飛行了 27 公里。

　　逾三十年後的 1884 年 8 月 9 日，法國軍官夏爾・雷
納爾（Charles Renard）和亞瑟・康斯坦丁・克雷布斯
（Arthur Constantine Krebs）以「法蘭西號」（La France）
氣船完成了動力完全受控的第一次往返飛行。他們的瘦
長氣球容積近 1,900 立方公尺，由電池驅動的電動機轉
動直徑 7 公尺的木質螺旋槳來推進。他們花了 23 分鐘飛
了 8 公里，然後降落在起飛的閱兵場上。隨後，在 1884
年和 1885 年又有多次飛行。1897 年，弗里德里希・沃弗
特（Friedrich Wölfert）在柏林展示了第一艘由內燃機驅
動的小型飛船，而動力飛船的真正突破始於 1899 年，當
時退役（被革職）的德國陸軍將軍斐迪南・馮・齊柏林
（Ferdinand von Zeppelin）開始利用鋁、防滲外層和（懸
掛或直接連接的）吊艙製造他的硬式飛船（圖 3.1）。

　　齊柏林對 LTA 飛行的興趣，可追溯到他對美國的短
暫訪問：他先是在美國內戰期間跟隨聯邦軍當觀察員，
然後以訪客身分參觀美國當時正不斷擴大的西部邊疆，
在明尼亞波利斯，他乘坐了一個注滿煤氣、以前曾被聯
邦軍用於觀測任務的氣球升空。他在十年後的日記裡描

圖3.1 斐迪南・阿道夫・海因里希・奧古斯特・格拉夫・馮・齊柏林（1838-1917），為長途客運飛船不懈努力的先驅。

述了他的標誌性飛船設計的基本要素，這是一種由環形結構和縱樑做成、填滿個別氣囊的硬式飛船。但是，要到 1890 年、在齊柏林 52 歲被迫退役之後，他才開始設計和製造 LTA 飛行器。1900 年 7 月 2 日，他駕駛「齊柏林飛船一號」（LZ-1）進行了首次飛行。

更大的飛船隨後相繼面世，有些被軍方收購了，有些在沒有繫緊的情況被強風和大火摧毀了。德國飛船股份公司（DELAG）1909 年 11 月成立，成為世界上第一家客運航空公司，在第一次世界大戰開始前提供了 218 個國內定期航班，乘客總數超過 1,500 人。1912 年 7 月，LZ-13「漢莎號」（Hansa）飛船面世，創造了新的商業紀錄，在 399 次飛行中飛行了將近 45,000 公里，曾訪問丹麥和瑞典——當時的飛機還只是木材和帆布做成的小型機器。飛船看來將在長途運輸接下來的發展中大放異彩。

1912 年，湯瑪斯·盧瑟福·麥梅欽（Thomas Rutherford MacMechen）和卡爾·丁斯特巴赫（Carl Dienstbach）撰文討論「空中灰狗」，文中提到未來一段時間，大型遠洋客輪將繼續它們那種被誇耀的航行：

> 也許未來十年，各國還將浪費財富在浮動堡壘上。但結局已近。未來那些希望快速跨越大西洋的人將乘坐飛船。對他們來說，跨越大西洋將只需要幾個小時。

不僅如此，下一場戰爭將證明，英國這個能夠享受

「自滿自信夢想」的海上霸主，將必須面對來自空中的威脅，但飛船作為一種武器可能極其可怕，「以至於它可能成為促進世界和平的一個有力因素。」對兩位作者來說，這些並不是理論性空想，因為演示和證明（齊柏林飛船的首次跨洋試飛）已經準備就緒：大得多的飛船將以最快遠洋客輪兩倍或三倍的速度飛行，而「齊柏林飛船的飛行距離僅受飛船尺寸限制，而目前遠未看到飛船實用尺寸的極限」，「有冒險精神的人確實正計劃在不久的將來飛越大西洋。」

齊柏林的飛船設計得益於輕量但強大的新型內燃機面世，以及無線電通訊創造的新可能。1908年，威廉・邁巴赫——世界上第一輛汽車的共同創造者、Mercedes 35 HP（公認是真正現代汽車的始祖）的設計者——和他的兒子卡爾開始為齊柏林飛船製造引擎。第一次世界大戰中斷了客運飛船的進一步發展，但德國軍方成為飛船的大客戶：德軍購買了近140艘飛船，用於空中偵察和遠程轟炸。

其中超過一百艘是齊柏林飛船（LZ-26飛船1914年面世，容積25,000立方公尺，長161公尺，有效載量3噸，可航行3,300公里）；餘者由德國第二家飛船製造公司舒特蘭茨（Schütte-Lanz）製造，德國政府強迫該公司與齊柏林飛船製造公司合作。一戰中的第一次飛船空襲發生在1914年8月6日，目標是比利時城市列日，執行任務的是LZ-17飛船，它在戰前載過近一萬名乘客，總共飛了近四萬公里，然後被改裝成轟炸機；第二次飛船空襲在1914年8月25日，目標是比利時城市安特衛普。法國和英國隨後也遭到轟炸，空襲造成數千名平民傷亡和巨大的財物損失，預示了不列顛戰役的爆發。1915年1月19和20日晚間，英國首次遭到空襲。

　　英國起初對空襲毫無防禦能力，但到了1916年，大炮、探照燈、戰鬥機加上攔截德國無線電通訊的能力改變了這種狀況，而在1917年，德國派出去執行空襲的115艘飛船有77艘被擊落或完全癱瘓。1917年11月，出現了一次意想不到的嘗試：LZ-104「非洲船號」（Afrika-Schiff）飛船展開一次史無前例的遠程後勤空運任務，為東非的德國殖民部隊提供補給。這艘226.5公尺長的飛船，由五個180千瓦的邁巴赫引擎驅動，從保加利亞出發，穿越地中海，最遠去到蘇丹中部（喀土穆以西），然後被召回，在95個小時內飛了6,800公里之後回到保加利亞。齊柏林伯爵在這次失敗的嘗試之前去世（於1917年3月8日逝世），其公司在戰後由雨果・埃克納（Hugo Eckener）接管，他原本是一名心理學家，從1911年起成為一名獲認證的飛船機師。而由於和平條約禁止德國再建造飛船，齊柏林飛船公司前景不確定。

　　戰後的第一個非凡成就出現在1919年7月：英國飛船R-34完成了蘇格蘭與紐約長島之間的一次往返飛行，成為第一架飛越大西洋的LTA飛行器。而就在一個月前，約翰・阿爾科克（John Alcock）和亞瑟・布

朗（Arthur Brown）駕駛經改裝的維克斯維梅轟炸機
（Vickers Vimy），從加拿大紐芬蘭的聖約翰跨越大西
洋，飛到愛爾蘭的克利夫登。但英國在 LTA 飛行方面沒
有進一步的重要發展，而和平條約限制了德國的飛船建
造。1924 年 10 月，德國交了一艘 LZ-126 飛船〔更名為
「洛杉磯號」（Los Angeles）〕給美國，作為戰爭賠償的一
部分，而該飛船為美國海軍服役至 1940 年。和平條約的
限制在 1925 年放寬後，齊柏林飛船公司董事長雨果・埃
克納動員了公眾和政府的支持建造一艘新的客運飛船，
作為更大和更快商用飛船的原型。「格拉夫齊柏林號」
（Graf Zeppelin）飛船 1928 年 9 月首次飛行，在不到九年
的運作時間裡創造了許多航空紀錄（圖 3.2）。

　　1929 年，這艘飛船去過南歐、中東和非洲，但最
大成就是完成由美國報業鉅子威廉・藍道夫・赫斯特
（William Randolph Hearst）提供一半資金的環球飛行。
它從紐澤西的雷克赫斯特向東飛到德國的腓特烈港，然
後再飛到東京和洛杉磯，在出發三個星期後回到紐澤
西。第二年，它從德國飛往巴西和美國；1931 年，它
參與了北極考察任務，同年開始在德國與巴西之間提供
定期的客運和郵政服務。當時，在重於空氣的既有飛機
中，齊柏林飛船完全沒有長途競爭對手。1931 年，波音
的郵件飛機「單翼信使」（Monomail）只能飛 925 公里
（後來的型號可以運送六名乘客和郵件）。

　　當時跨洲或洲際旅行只能分段完成，過程冗長：從

圖3.2「格拉夫齊柏林號」飛船1928年10月1日飛過德國國會大樓上方。資料來源：德國聯邦檔案館照片 102-06617。

紐約到洛杉磯必須停三個站，耗時超過15個小時，而英國帝國航空公司1934年開始經營倫敦與新加坡之間的航線時，飛機需要8天完成行程，中途停靠22個站，包括雅典、開羅、巴格達、巴斯拉、沙迦、久德浦、加爾各答和仰光。道格拉斯DC-3飛機1935年問世，注定成為歷史上最常見、最耐久的活塞動力飛機，雖然速度（每小時240公里）約為齊柏林飛船的兩倍，但最多只能飛2,500公里，僅為齊柏林飛船的四分之一。而1930年代初第一批全金屬機身小型飛機內部空間狹窄，無法與大型飛船的整體寬敞空間、有設計的公共休息室和用餐空間相比。

　　截至1937年6月停飛時,「格拉夫齊柏林號」飛船
總共飛了170萬公里,運送超過13,000名乘客,完成了
144次洲際行程,在空中度過了717天(近兩年),而
雖然飛行過程中曾發生一些事故,但不曾造成機組人員
和乘客受傷。不同於之前所有的齊柏林飛船,接下來的
飛船本來是希望充氦氣,而不是用易燃的氫氣,但氦氣
(從碳氫化合物油田提取)的供應仍由美國控制,而美
國1927年的《氦氣控制法》(Helium Control Act)明確
禁止出口氦氣。納粹在德國上台後,美國並不令人意外
地維持這項禁令。納粹政府最終驅逐了反納粹的雨果‧
埃克納,並在新飛船的翼上漆上納粹的標誌。LZ-129
「興登堡號」飛船在1936年3月4日首次試飛,以德國第
一次世界大戰陸軍元帥和1925年至1934年間的總統興登
堡(Paul von Hindenburg)命名。「興登堡號」是當時世
界上最大的飛船,長245公尺,直徑略多於41公尺,容
積為20萬立方公尺,由四部戴姆勒賓士柴油引擎(每部
890千瓦)提供動力,巡航速度為每小時122公里。

　　該飛船起初用於國內試飛和納粹宣傳飛行,隨後進
行了17次洲際飛行,其中7次飛往巴西,10次飛往美
國──漆上納粹標誌的「興登堡號」低飛越過曼哈頓上
空,前往紐澤西著陸,為納粹提供了絕佳的宣傳圖像。
該飛船的載客量從50人增加到70人,其公用空間和觀
景廊的內部設計與它平穩的起飛和飛行受到同等稱讚,
而雖然它1936年的洲際飛行屬於定期航班,但全都仍是

在測試或示範階段。1937年第一個前往美國的商業航班在5月3日從法蘭克福起飛，5月6日在雷克赫斯特的著陸釀成了大災難，導致機上97人死了35人。

在此之前，也發生過造成重大傷亡的飛船災難，但除了1929年英國飛船R101在法國上空首次遠程試飛時因風暴墜毀（造成48人死亡），出事的全都是軍用飛船，包括1921年英國皇家海軍的R38（44人死亡），1922年美國陸軍的「羅馬號」〔（Roma），34人死亡〕，1923年法國的前齊柏林飛船「迪克斯邁德號」〔（Dixmude），52人死亡〕，以及1933年美國充氦氣的「亞克朗號」〔（Akron），73人死亡〕。但「興登堡號」特別不同：它是第一艘被爆炸和大火摧毀的商業飛船，災難發生時被即時記錄下來，而且它是德國那麼多齊柏林飛船中第一艘專用於客運的飛船。

這場災難的最後幾分鐘，包括飛船著火、爆炸和墜毀，至少被五家不同的新聞機構拍了下來，包括百代新聞社（Pathé News）、派拉蒙新聞（Paramount News）、幕維通新聞（Movietone News）、環球新聞片（Universal Newsreel）和每日新聞（News of the Day），使它成為「二十世紀的第一場媒體事件」。隨後的分析解釋了一連串不大可能發生的事如何製造出這場不可預料的災難：當然，一如任何其他運輸方式，充滿氫氣的飛船總是有危險的，但德國硬式飛船之前的安全紀錄（無數次在雷克赫斯特平安著陸），使「興登堡號」災難變得出乎意料。關於這場災難如何無可避免或其實可預防的爭論立即變得無關緊要，因為這場像拍電影那樣的災難太驚人了，載客飛船因此不可能再飛下去。德國充氫氣客運飛船的短暫時代因此突然結束：下一艘飛船LZ-130在1938年完工，但僅執行了一些軍事偵察任務就退役。

第二次世界大戰見證了軍用飛船的回歸。美國、歐洲和日本都使用了防空氣球，但美國是唯一使用大量飛船的大國。固特異（Goodyear）的K系列飛船是主力，它們既不大（容積12,000立方公尺、長76公尺），也不是很快（最高時速80公里），但由兩個317千瓦的引擎提供動力，可以在空中停留長達60小時。美國海軍利用它們執行掃雷、搜救、偵察、反潛巡邏，以及可能最值得注意的船隊護航任務。這些飛船在大西洋、太平洋和地中海，總共巡邏了近800萬平方公里的海域，只有一艘被德國潛艦擊落。

二戰之後，軍用LTA設計並沒有完全消失。1952年至1962年間，美國海軍執行了一項祕密計畫，利用ZPG級飛船填補北美早期雷達預警系統的空白，它們可以保持在站（on station）狀態超過兩百個小時，長時間不加油巡邏。到了1960年代，性能更好的新型偵察飛機和衛星開始接手這種工作（衛星執行這種任務是完全安全的），但飛船業遊說團體從未放棄希望。諾格公司（Northrop Grumman）2012年建造了一艘監視飛船的原型，但相關合約第二年遭取消。2015年，另一家軍事承包商雷神公司（Raytheon）的JLENS（聯合防禦巡弋飛彈空飄網狀化雷達系統）間諜飛船原型在繫繩斷裂後漂至賓州失控墜落，此事實際上終結了始於1998年的開發合約。不過，我確信美國根基穩固的軍事工業複合體將想出對新氣球或飛船的新需求，而支持相關發展的資金將源源不絕。

　　另一方面，商業飛船用於洲際航線在二戰之前，實際上就已經完全沒有希望，而這不是因為「興登堡號」飛船災難，而是因為飛機的推進技術大有進步。截至1930年代中，如果綜合考慮載客量和最長航程，沒有飛機能與飛船競爭——LTA飛船最多可載70人，最長航程達1萬公里，在昂貴但安全可靠的洲際客運方面具有明顯的優勢。但即使「興登堡號」飛船當年保持完美的安全紀錄，它在投入使用時也已經不合時宜了。1936年7月，也就是「興登堡號」飛船首次試飛僅四個月後，泛美航空與波音簽了合約，取得該公司頭六架波音314飛剪客機（Clipper）——這是一種大型水上飛機，最多可載68名乘客，巡航速度略高於每小時300公里。這種飛機1939年2月開始執行從舊金山飛往香港的定期跨太平洋航線，並在戰前首次飛往英國。

　　此外，即使在第二次世界大戰期間，航空活塞引擎的主導地位顯然也快將結束，因為噴射引擎（燃氣渦輪引擎）開始投入軍事用途，很快將進入商用市場，使長途運輸能夠以接近音速的速度進行。事實上，1952年世界上第一架商用噴射客機、命途多舛的英國彗星型客機的巡航速度已經接近每小時740公里，而1958年，非常成功的波音707客機（最長系列噴射客機的開端）的最佳飛行速度為每小時897公里，非常接近最新波音787客機的913公里。這種速度比齊柏林飛船的典型速度快了接近一個數量級，而「興登堡號」飛船完成法蘭克福與紐澤西航線的最快時間是向西近53小時和向東43小時，現在同一航線使用波音或空中巴士客機的預定飛行時間則分別為8時35分鐘和7小時20分鐘，而且飛行狀況可控得多。

客運飛船的希望可能已經幻滅，但飛船用於其他用途——尤其是貨運、科學研究平台、軍事偵察任務——的夢想，至今仍不時出現和破滅。這些失敗中最引人注目的案例，是德國那家希望建造巨型飛船的貨物空運公司（CargoLifter）。該公司成立於1996年，發行了股票並獲得聯邦政府提供大量資金；它的最終目標是建造一艘容積55萬立方公尺（幾乎是「興登堡號」的三倍）、能夠載貨160噸的飛船。這個龐然大物從未建成（但飛船庫建成了），公司在2002年宣告破產，而它的飛船庫（有史以來最大的獨立建築）現在是一個熱帶水上樂園，但公司網站至今仍在網路上，聲稱未來將創造出LTA奇蹟。

而這不是孤例。近年的飛船宣傳者總是談到，材料、推進技術和電子控制方面的進步，結合起來如何造就功能強大、非常可靠、靈活，以及符合成本效益（而且較為可持續）的LTA貨物運輸方案。美國軍方就從未放棄這種想法，每隔幾年就會重新檢視潛在方案，基於最近的戰爭經驗，尋找既可用於運送貨物、又可在18至24公里高度作為高空監視和通訊平台的飛船。貨運飛船被視為可以提高戰略噴射運輸機隊的靈活性、可用性和使用壽命，而高空飛船則可以提供目前只有無人機才能提供的覆蓋範圍，並且可以大幅延長執行任務的時間。

　　商業應用也不乏推動者，有些人甚至聲稱新出現的國際競爭將造就飛船回歸，因為──飛船宣傳者總是這麼說──飛船相對便宜，可以運送大量貨物，而且運作所產生的溫室氣體排放遠少於其他空運方式，而這在2020年代初可能是最誘人的一點。所有這些硬式飛船設計都用金屬框架支撐引擎、控制面和貨艙，並由一系列的非加壓充氦氣囊提供升力。

　　在北極使用飛船運送貨物是個古老的想法，如今在全球暖化的情況下，實踐這個想法被視為對北極地區的發展（即開發當地原本難以開發的資源）有重要價值。暖化使得北極地區的航運變得較為便利，但漏油事故發生在寒冷的水域是出了名很難控制和清理，而目前利用冰凍冬季路線的陸地交通可能將因為永久凍土層融化而受到更多限制，而這將使利用卡車為偏遠社區提供季節性補給變得更危險。曼尼托巴大學交通研究所所長巴里・普倫蒂斯（Barry Prentice）指出，眼下貨運飛船被宣傳為「唯一可以長距離運輸大量貨物，並在缺乏既有基礎設施的地區運作的運輸工具。」另一個潛在用途是：將新鮮水果和鮮花從亞熱帶和熱帶產地空運到北半球的主要市場，但即使在 2004 年這種提議出現時，將夏威夷鳳梨運到加州也已經無利可圖，因為夏威夷自 1970 年代以來已經大幅減少種植這種水果，如今不再是鳳梨的主要生產地。

儘管如此，2020 年還是出現了一篇標題為「飛船時代可能再次來臨」（"The Age of the Airship May Be Dawning Again"）的報導，它講述幾家公司正如何嘗試重新製造出「壯觀的飛船」，而且發表報導的並不是某個有科幻傾向的科技網站，而是美國建制派的雙月刊《外交政策》（Foreign Policy）。2020 年另一篇報導的標題是「這些新型豪華飛船希望成為空中超級遊艇」（"These New Luxury Blimps Hope to Become the Superyachts of the Skies"），發表者是頂級精品雜誌《羅博報告》（Robb Report）。齊柏林飛船技術公司 1993 年在波登湖畔的原址重新投入運作。1997 年 9 月，第一艘「齊柏林新技術」（Zeppelin NT）飛船起飛時，該公司宣稱：「齊柏林飛船神話成功重生。」

這句話的「神話」部分說對了：雖然飛船採用了新設計和新材料，包括硬式三角形結構、氦氣、抗撕裂外殼、旋轉推進器和現代的電傳飛控航空電子設備，齊柏林飛船公司並沒有接到很多新訂單。2012 年成立的法國飛鯨公司（Flying Whales）也是這樣。該公司的網站十分誘人，開頭播出一段動畫，顯示一隻座頭鯨優雅地升越森林樹冠、進入藍天中，接著是一些彩色圖片，說明它200公尺長、載重60噸的硬式飛船可以如何用於偏遠森林的伐木工作，以及如何將風力渦輪機零組件和高壓電塔運送到難以到達的地方。美國政府資助了「龍夢」（Dragon Dream）飛船，其橫切面呈扁橢圓形；2013年進行了一些繫留試驗後，原型飛船嚴重損壞（圖3.3）。

　　瑞典的海天航遊公司（OceanSky Cruises）緊隨時代潮流，多年來一直承諾提供可持續的「去碳化航空服務」，以豪華飛船（八間雙人客艙，「配備全景大窗、

圖3.3 失敗的現代飛船復興嘗試之一：「龍夢」飛船示範設計模型在其倉庫附近。圖片由Aeros（現已不存在）提供。資料來源：Parkhannah, https://commons.wikimedia.org/wiki/File: Dragon_Dream.jpg.

一間私人浴室和一個小衣櫃」）帶乘客遊覽北極，第一個豪華飛行季目前安排在2024-2025年。在美國，1993年成立的Worldwide Aeros公司的執行長2016年聲稱，該公司到2023年時將有一支全球性的Aeroscraft飛船隊運作中。而在2006年，重要的軍事承包商洛克希德馬丁（Lockheed Martin）測試了P-791，這是一種實驗性三殼體混合飛船，其有效載量由浮力和氣動升力共同支撐，旨在將貨物運送到除此方法無法到達的地區。

此外，還有輕於空氣研究（Lighter Than Air Research），一家由Google共同創辦人賽吉·布林（Sergey Brin）出資的航空研發公司。該公司相信其飛船將「輔助——和甚至加快——人道災難應變和救援工作」，尤其是在飛機和船很難到達的偏遠地區，而最終其「零排放飛行器家族」將以較低的全球碳足跡運送貨物和人員。另一方面，俄羅斯飛船廠商AIDBA（Airship Initiative Design Bureau Aerosmena）宣布計劃於2024年推出一艘巨型碟形飛船：最大有效載量為660噸，直徑超過240公尺，由渦輪螺槳發動機轉動類似直升機的旋翼提供動力。但也許2022年最值得注意的是，總部設在西班牙巴倫西亞的諾斯特姆航空（Air Nostrum）訂購了10艘充氦、電動、可載100名乘客的飛船「登空者號」〔（Airlander），其製造商的口號是「反思天空」（Rethink the Sky）〕，打算從2026年開始利用它們來經營國內短程航線。

所有這些聲稱和計畫都有一個共同點：它們沒怎麼

注意LTA飛行器快速增加將如何影響氦氣供應，或這些飛行器實際創造收入的時間會有多少。在美國，最近國內氦氣消耗量約為每年4,000萬立方公尺，主要用於磁振造影（30％）、浮升氣體（17％），以及分析與實驗室應用（14％）。如果這種年度用量全部用於飛船，大概足夠200艘大型（齊柏林式）飛船使用。全球氦資源量估計約為500億立方公尺，其中40％在美國、20％在卡達，餘者多數在阿爾及利亞、俄羅斯和加拿大這些天然氣資源豐富的國家。至於飛行頻率，現代噴射客機每年約有34％的時間（約3,000小時）在飛行；計劃中的飛船大型船隊可以達到這種水準嗎？科幻傾向的故事甚至提到真空飛船，裡面什麼都不裝，但其外殼能夠承受大氣壓力。

　　我們的天空可能不會出現所有這些計劃推出的新型飛船，但儘管容積、氣體密封和飛行控制方面存在根本困難，LTA飛行器的吸引力可能永遠不會消失。所有重於空氣的機器都完全依賴外部提供升力，LTA飛船則結合來自輕質氣體自然浮力的內部升力和引擎提供的外部升力，這使得飛船在飛行中比較難控制，而且也較難設計。無論如何，多數的LTA飛行器設計，並沒有像創造者經常希望的那樣成為成功商業系列的原型。人們原本預期飛船將主宰飛行市場，但它們變成了飛行歷史上的一個注腳，在經歷了巨大擴張的全球飛行世界中淪為邊緣附屬品；可以肯定的是，此一現實短期內不會根本改變。

核分裂發電

控制鈾核分裂的能量釋放從理論概念到首度應用於商業發電，剛好用了六十年；考慮到此一難題的內在複雜性，這段時間真的非常短。核分裂發電的理論基礎始於1896年春亨利·貝克勒爾（Henri Becquerel）發現鈾的放射性，十一年後則有愛因斯坦提出「慣性質量相當於能量含量 μc^2」這個著名結論，然後是1911年至1913年間歐尼斯特·拉塞福（Ernest Rutherford）提出原子核模型，以及尼爾斯·波耳（Niels Bohr）提出被軌道電子包圍的原子核結構。

接下來的一系列基礎進展發生在1930年代：1931年，輕元素鋰首次被分裂為兩個氦原子（使用高壓電加快氫質子的運動）；1932年，詹姆斯·查兌克（James Chadwick）得出結論，要解釋德國和法國所做的一些實驗結果，只能假設存在一種質量為1而電荷為0的粒子，人類因此發現了中子。查兌克發表他的中子發現略多於六個月後，流亡的匈牙利物理學家、愛因斯坦的學生合作者李奧·西拉德（Leo Szilard）在倫敦南安普敦街等綠燈時，得到了他那個具有劃時代意義的頓悟：他意識到「如果我們可以找到一種被中子分裂的元素，它吸收一個中子會釋出兩個中子，那麼如果我們能集合足夠大質量的這種元素，就可以維持核反應。」

他不知道如何找到這種元素，但在1934年3月12日，他申請了一項英國專利，將鈹列為最有可能進行核分裂的元素，並且正確地將鈾和釷列為其他可能的元素。西拉德的專利申請是保密的，但他並不是唯一著眼於中子的科學家。在德國，奧托・哈恩（Otto Hahn）和弗里茨・史查斯曼（Fritz Strassman）以中子輻照鈾產生了新的同位素，而在 1939 年 2 月，哈恩的長期合作者、當時流亡瑞典的莉澤・邁特納（Lise Meitner）和她的外甥奧托・弗里施（Otto Frisch）正確地將結果解釋為核分裂。有見識的物理學家因此全都知道了原子分裂可以帶給人類什麼東西：一方面是可以製造毀滅性空前的武器，另一方面是或許可以找到一種新的發電方式。

結果眾所周知，邁特納確認了核分裂後不到七個月，第二次世界大戰爆發，而雖然所有主要交戰國（美國、蘇聯、德國、日本）都希望開發出核彈，只有美國憑藉其史無前例的曼哈頓計畫，在英國的援助和許多流亡的歐洲物理學家的參與下，在二戰結束前成功做到這件事，並在廣島和長崎投下了最早的兩顆核彈。二戰結束後，成本高昂（且仍在持續中）的軍備競賽的一個關鍵部分，是在近乎無懈可擊的潛艦上部署核彈頭，而這些潛艦要航行很長距離和長時間保持在水下，唯一方法是以受控的核分裂提供動力。在海曼・李高佛（Hyman Rickover）的積極領導下，美國第一艘核潛艦於 1954 年下水，在這場競賽中再次拔得頭籌。

戰爭期間，參與曼哈頓計畫的一些物理學家，也考慮了利用核反應爐發電的可能，結論是這麼做非常不經濟。即使在美國原子能委員會成立後，這種觀點仍然盛行，而在1940年代末和1950年代初，美國主要的發電公司也抱持這種觀點。除了成本極其高昂，發展核電也沒有令人信服的資源或環境理由。當時美國的發電量高居世界第一，但同時是世界上最大的化石燃料生產國，以煤、石油和天然氣為燃料的大型新發電廠，不但能夠滿足不斷增長的需求，還降低了消費者的用電成本，結果是必須大量購置新的家用和工業用轉換器。1950年代初，二戰結束還不到十年，沒有一個國家出現任何有力的反汙染政策或運動，與燃燒化石燃料有關的全球暖化和由此產生的對零碳能源的需求，在接下來超過三十年裡都不是政治和經濟上受關注的議題。

　　那麼，美國為何決定建造第一座核電廠？1940年代末，美國原子能委員會首任主席大衛・李蓮道（David E. Lilienthal）開始談論如何減輕廣島核爆衍生的罪惡感；他認為，核分裂的和平應用，對提供人們渴求的心理安慰以及新技術進步的希望和機會至關重要。但是，這種想法只是改變核技術應用前景的因素之一。蘇聯1949年測試了它的第一顆原子彈，而李蓮道擔心俄國人「在發展原子和平用途方面」方面將打敗美國。另一方面，英國基於新開發的國內反應爐設計，決定投入一個相當大膽的核能發電計畫。1953年初，美國艾森豪總統同意國務卿約翰・福斯特・杜勒斯（John Foster Dulles）的看法，認為如果美國在核電商業化方面落後於人，將會非常難看。
因此，是政治而非經濟因素，決定了美國的核電發展。

考慮到這些現實情況，雖然主要的核科學家和美國
的公用事業公司表示懷疑，美國還是必須加入核電發展事
業，尤其是因為這種發展或許可以成為在冷戰中影響中立
國家的工具。艾森豪總統在他題為「原子能為和平服務」
（"Atoms for Peace"）的演講中，明確闡述了這一點：

> 為了使對原子的恐懼開始從東西方人民和政府的心
> 中消失的那一天早日到來……將原子能應用於農
> 業、醫藥與其他和平活動的需求。一個特別目的將
> 是為世界上電力匱乏的地區提供充足的電力。

原子能競賽開始了，對美國來說，最快捷的做法就
是借用海曼・李高佛領導海軍開發的用來驅動核潛艦的
小型加壓水冷型反應器。「鸚鵡螺號」（Nautilus）是美
國海軍第一艘核動力潛艦，建於1952年6月至1955年1
月間（圖3.4）。西屋公司製造的潛艦熱反應器在閉合回
路中使用水（加壓至16 MPa）來冷卻反應器爐心（裡
面裝了置於鋯鋼管中的可分裂鈾同位素）；熱水將能量
轉移到另一個回路，產生蒸汽推動渦輪機。美國第一個
商業核電專案採用了相同的反應器設計。賓州的杜肯電
力公司（Duquesne Light）同意分擔該專案一小部分成
本，於是美國第一座核分裂發電廠希平港原子能發電廠
（Shippingport Atomic Power Station）在1957年12月18日

圖3.4「鸚鵡螺號」1958年於紐約港。資料來源：美國海軍北極潛艦實驗室提供的美國海軍照片。

圖3.5 賓州希平港核電廠1956年安放反應爐安全殼。資料來源：美國國會圖書館照片。

開始發電，比蘇聯奧布寧斯克核電廠（Obninsk Nuclear Power Plant）晚了近六個月，比英國的科爾德霍爾核電廠（Calder Hall Nuclear Power Station）晚了近十五個月（圖3.5）；當局希望希平港核電廠可以成為「和平而堅決的美國」的一個標誌，以不威脅人的方式為美國贏得世人的敬重。

這個完全出於政治考量的決定，將美國未來的核能發展與一種不是很好的反應器綁在一起（曼哈頓計畫的物理學家和公用事業專家都認為該反應器不是最佳選擇），加上預期中的高昂發電成本，使得公用事業公司在1950年代末對核電與十年前一樣不感興趣。然後又出現了一個政治決定：美國國會介入，在1957年通過了《普萊斯－安德森法》（Price-Anderson Act），大大降低了核電投資的風險，因為該法減少了私人責任，並保證在發生釋放電離輻射的災難性事故時，提供前所未有的公共賠償。

但是，商界對核電投資的興趣並沒有立即激增，核能發展的下一階段要到1963年12月才開始，當時澤西中央電力與照明公司（Jersey Central Power and Light Company）的一項分析得出結論，它計劃中的牡蠣溪核電廠（Oyster Creek Nuclear Generating Station）的發電成本將低於燃煤電廠。該公司一年後獲得建造許可，而在1965年11月，美國東北部發生大規模停電，為投資於新型發電方式提供了較廣泛的誘因。1966年，公用事業的反應爐新訂單增至20座，1967年增至30座，然後在1969年跌至不到10座，而1965年至1969年間的反應爐新訂單共有83座。然後，第二年又出現了有利於核能發電的情況：美國國會通過了1970年《潔淨空氣法》，希望藉由實施國家環境空氣品質標準和空氣汙染物排放標準，限制移動和固定工業汙染源的排放。當時，大型燃煤電廠是美國懸浮微粒、硫氧化物和氮氧化物（後兩者會造成酸雨）的主要排放者，而核能發電則完全不會排放這些空氣汙染物。

不過，因為意想不到的另一系列事件，核分裂發電在1973年獲得歷來最大的助力。1973年，為了盡可能撐起油價而成立的石油輸出國組織（OPEC），利用美國石油開採疲軟的機會（但美國仍維持世界最大產油國的地位至1977年），將它公布的原油價格提高了四倍，甚至一度停止出口石油至美國。美國隨後發生的能源危機，終結了二戰之後漫長的經濟快速成長期，也使得建立可靠能源供應這件事變得更複雜。國內核能發電因為不受不可預料的進口影響，看起來非常有吸引力。於是，在1973年，美國公用事業公司訂購了42座新的核反應爐。此外，越來越多人認為，正快速發展的第一個核子時代即將告一段落，高效得多的快中子滋生反應爐很快將開創第二個時代。

傳統的核分裂反應爐（無論是水冷型還是氣冷型）在運作上仰賴分裂低濃縮的鈾235（從天然濃度0.7％提

高至不超過 3～5 ％），快中子滋生反應爐則是利用高度濃縮的鈾 235（濃度 15～30 ％）作為快中子源，將放置在反應器爐心周圍包層中的鈾 238 同位素（自然中大量存在但不可分裂）轉化為可分裂的鈽 239。液態鈉負責傳遞產生的熱量，而滋生反應爐最終將產生比它所消耗的至少多 20 ％的可分裂燃料。西拉德早在 1943 年就設想了滋生反應爐，而 1945 年阿爾文·溫伯格（Alvin Weinberg）和曼哈頓計畫物理學家哈里·蘇達克（Harry Soodak）提出了他們的設計構想。

　　二戰之後，美國和蘇聯測試了小型滋生反應器，而到了 1970 年代初，實驗性液態金屬快滋生反應器（LMFBR；以液態鈉作為冷卻劑）不僅在美國和蘇聯運作，在英國、法國、德國、義大利和日本也有。1973 年，阿爾文·溫伯格「對滋生反應器將成功已經沒有多少懷疑」，而且他認為「滋生反應器很可能將成為人類的終極能源來源」。這個結論看來沒什麼不尋常之處，因為科學界普遍認為這種技術十分可取，而且終將成功，產業界領袖也認同這一點。在 1960 年代末和 1970 年代初，美國原子能委員會預計美國到 2000 年時將有 1,000 座反應爐運作中，而在 1974 年，奇異公司（GE）預測滋生反應器將在 1982 年投入商業使用，所有的化石燃料發電作業將在 1990 年前消失，而到了二十世紀末，美國使用的電力將幾乎全部來自滋生反應器。

　　事實證明情況絕非如此，有兩個法文單詞用在這裡似乎非常貼切：*dénouement*（結局）是一場 *débâcle*（災難）。之所以如此，主要原因包括：電力需求每十年倍增的趨勢突然意外結束；建造新電廠受到過度規管；加壓水冷型反應爐訂單遭到大量取消；物理學家夢寐以求的滋生反應器始終未能克服一些工程上的困難；一些核電災難性事故重新點燃了公眾對核分裂發電的不信任。我將逐一簡要說明這些因素，但我不會嘗試估算各因素所占的比重（我甚至不確定這是否有可能做到）。

但顯然，沒有任何一項因素比電力需求迅速放緩更重要。自第一次世界大戰結束以來，美國電力需求年增約7％，需求每十年增加一倍是常態（需求在1930年代的危機十年間放緩是例外情況）。在1920年代，發電量幾乎剛好倍增，在1940年代增加了1.2倍，1950年代增加了1.3倍，1960年代又一次幾乎剛好倍增；但1970年代的成長率降至略低於50％，1980年代再降至33％，1990年代是25％，二十一世紀的第一個十年不到9％，2010年至2019年間幾乎完全沒有增加（如果將受COVID-19疫情影響的2020年算進去，則是萎縮3％）。

1970年代初，美國最大型新電廠（通常是多機組火力發電廠）的裝機容量超過2吉瓦，新核電廠因此也一樣大（裝機容量甚至可能超過3吉瓦），而即使在最好的情況下，設計和建造這樣一座電廠也需要超過五年時間。但現在這一點也改變了。1974年，原子能委員會被廢除，由核能管理委員會（NRC）取而代之，後者展開了似乎無止境的一系列監理介入措施，拖慢了新核電廠專案的進度，同時推高了成本。公用事業公司管理層以前習慣了指望電力需求每十年幾乎一定倍增，而且五至六年時間就可以建好一座大型新電廠，現在卻發現電力需求不斷放緩、新電廠建造時間大幅延長，將來成本大增的一座新電廠花了十至十五年建成，而市場屆時可能不需要它可以生產的電力。

在很多情況下，取消反應爐訂單成為擺脫困境的唯一出路。1975年，反應爐新訂單減至4座，而且有13座反應爐訂單被取消。最後的兩座新反應爐訂單出現在1978年（這一年有14座訂單被取消），而在1979年，公眾對核能發電揮之不去的不信任、將核彈與反應器混為一談造成的無法根除的影響，以及對看不見摸不著的輻射的恐懼，因為賓州三哩島核電廠發生事故而進一步加強，雖然該事故沒有導致輻射外洩。1986年5月烏克蘭車諾比核電廠反應爐熔毀，進一步加劇了民眾的不安。不同於美國的反應爐，蘇聯設計的車諾比反應爐沒有安全殼結構，輻射外洩波及烏克蘭、白俄羅斯、中歐和北歐大片地區。這次核災導致31人幾乎立即死亡，134人因為急性輻射症候群接受治療，而雖然詳細的長期健康評估找不到任何證據顯示，受影響最嚴重群體的整體癌症發病率或死亡率有所上升，但這次事故和善後行動（必須將反應器埋起來並且確保結構在未來許多代人的時間裡保持完好），無可避免地損害了核分裂作為一種可靠和潔淨發電選項的形象。

這種影響在歐洲最為明顯。1986年，核分裂發電沒有前途已成定局：整個1980年代，美國都沒有新反應爐訂單，只有訂單遭到取消（最終累積了120座）。無休止的建設延誤和嚴重的成本超支造成嚴重後果，最著名的例子是華盛頓公共電力供應系統崩潰。1975年，這家公用事業計劃花25億美元建造兩座核電廠，但到了1982年1月，在花了25億美元之後，完成這兩座核電廠的建造工程，顯然還需要接近120億美元，於是兩處工地全面停工，而這家公用事業在1983年6月宣告倒閉，造成美國歷史上最大規模的市政債券違約。1985年，《富比世》雜誌檢視美國的核分裂發電經驗，指美國的核電計畫是「商業史上最大的管理災難，是一場規模巨大的災難……現在只有瞎子或有偏見的人會認為那些錢花得好。」

這無可避免地導致一些企業嚴重受創，其中最突出的莫過於西屋電氣，該公司由電氣時代偉大先驅之一喬治·西屋（George Westinghouse）創立於1886年。在1950年代至1990年代間，西屋電氣與奇異公司一起成為主要的核反應器供應商，但訂單取消和成本超支導致這項業務最終消亡。1998年，西屋發電（Westinghouse Power Generation；西屋的發電業務）被賣給了西門子，隔年英國核燃料公司（British Nuclear Fuels）收購了核能業務西屋電力公司（Westinghouse Electric Company），2006年再由東芝接手，但2017年該業務再次破產（因為美國幾座在建反應爐虧損），而目前該公司由布魯克菲爾德可再生能源夥伴（Brookfield Renewable Partners）和卡梅科公司（Cameco Corporation）共同持有。

核分裂發電未能達成期望的真正代價有多大？1999年，反核組織核能資訊與資源服務（Nuclear Information and Resource Service, NIRS）指出，美國國會1947年至1998年間對能源相關研發的所有撥款，有超過96％、約1,450億美元（1998年的幣值）都落入了美國核能產業的口袋。這筆錢相當於2021年的1,670億美元，而該投資的機會成本現在超過1兆美元。整個核分裂發電週期的實際成本，在未來很長一段時間裡都無法得知，因為必須計入反應爐除役和長期儲存高放射性廢料的最終成本，而儲存時間是前所未聞的數百年或甚至數千年，這意味著我們實際上將必須永遠保持警惕，但至今還沒有任何國家能夠令人滿意地解決這個問題！

美國在核分裂發電事業方面的主導作用影響了全球趨勢。1973年，全球共有132座核反應爐貢獻了約173兆瓦時（TWh）的發電量。OPEC的舉動理應嘉惠核能產業，因為核電為歐洲和北美富裕經濟體提供了一種可靠的能源供應，免受產油國卡特爾突然漲價影響。事實上，十五年後的1988年，全球運作中的反應爐增加超過兩倍至416座，發電量是1973年的十倍（1,727兆瓦時），但這只是興建新核電廠需要很長時間的必然結果。隨後核電業就開始進入大停滯階段，因為整個西方世界的新反應爐訂單幾乎完全消失，而俄羅斯和亞洲的新增反應爐只能抵銷舊反應爐除役的影響。

2020年，全球有443座核反應爐在運作中，僅比三十年前增加約6％，但因為它們的平均發電容量和容量因數都提高了（有些反應爐現在超過90％的時間在發電），結果貢獻了約2,500兆瓦時的發電量，比1990年增加了約三分之一，但僅略多於2000年！國際原子能總署發表的最佳預測顯示，計劃建造的新反應爐（主要在中國），將僅足以彌補舊反應爐除役的影響（許多反應爐現已運轉超過四十年，比最初計劃的時間長得多），而到了2030年時，新發電容量可能剛好彌補2020年代舊反應爐除役的影響。即使是假設繼續建造反應爐的較高預測，也只是預計核分裂發電容量占世界總發電容量4.5％，低於2019年的5.3％，而較低預測則預計眼下的核分裂發電容量比重將降低超過一半至2.3％。

在個別國家的層面，縮減核電已成常態。歐洲國家並未普遍接受核分裂發電，奧地利、丹麥、希臘、愛爾蘭、義大利、挪威、波蘭和葡萄牙等國家，就從未建造任何核電廠。德國和瑞典已決定提早終止核能發電，而即使是核電計畫最成功的國家如今也在退場。英國在發生了科爾德霍爾事故之後，截至1971年建造了25座鎂鋁鈹合金（Magnox）反應爐（現已全部停用）、14座先進的氣冷反應爐（使用置於鋼管中的低濃縮二氧化鈾顆粒）和一座壓水式反應爐。英國的核能總發電容量，自

1999年以來一直下降，預計將於2025年降至之前達到的最大發電容量的一半。兩座新反應爐將於2026年和2027年開始運作，但最初於2011年提出的建造計畫一直受到各種問題困擾。

法國是迄今普及核分裂發電最成功的西方國家。法國電力公司的核電計畫以美國壓水式反應爐的標準化設計為基礎，獲得公眾普遍支持，分布在全國各地的59座反應爐最終供應了法國近80％的電力（比例近年有所降低），並且能夠供應不少電力給鄰國。但法國電力公司最後一筆反應爐訂單是在1991年。蘇聯的核電計畫因為車諾比核災而永遠蒙汙，在蘇聯解體後由俄羅斯繼續營運，但到了2020年，核電僅占俄羅斯發電量約21％。日本因為國內缺乏石油和天然氣，大力發展核能發電事業，最終曾以核分裂發電滿足30％的總用電需求。2011年3月，福島第一核電廠三座反應爐熔毀，導致該電廠所有反應爐完全停用，而日本也終止了進一步的核能擴張計畫，因此到2020年時，核分裂發電僅占全國總發電量略多於5％。

那麼滋生反應器呢？它們的發展是基於幾個錯誤的信念，包括可分裂同位素鈾235非常稀缺，其資源無法支持大規模核能發電；相關技術問題可以在合理的時間內解決；以及成本將會有競爭力。在美國，當局1970年代初支持一項大型的滋生反應器示範專案，是出於時任總統尼克森幾方面的政治考量。美國原子能委員會歡迎該項專案，因為它有利於該機構繼續運作下去（其最初使命是為核彈和核反應器提供濃縮鈾，這在多年前就已經完成），而國會也大力支持該項專案。1971年，滋生反應器示範專案開始獲得資金時，成本估計不超過4億美元，多家電力公司預計將承擔近三分之二的費用。但預計成本在一年內就幾乎倍增，而到了1981年，這項克林奇河滋生反應器專案（Clinch River Breeder Reactor Project），成了美國最大的公共工程項目，預計總成本超過30億美元。

設計方面的技術問題和後處理（從乏核燃料中分離出鈽）成本上升導致成本飆升，而該項專案在1983年遭到取消時，已經用了80億美元。以2021年的幣值計，該專案揮霍了約200億美元，但這並未阻止其他國家繼續浪費巨資在這種計畫上。其中，最受矚目的是，法國在1986年建成了一座大型全尺寸滋生反應爐——位於克雷梅皮厄的1.2吉瓦超級鳳凰核電廠（Superphénix），但這座容易發生事故的反應爐長期停用，最終於1998年除役。日本的滋生反應爐計畫在洩漏近650公斤液態鈉之後，於1995年12月8日終止。以2021年的幣值計，廢止的滋生反應爐開發計畫花了日本近160億美元，英國近110億美元，德國80億美元，義大利近70億美元。全球而言，加上俄羅斯、中國和印度，浪費在這方面的總資金接近1,000億美元，而這個金額說明了核能遊說團體的力量，以及為政府提供建議的專家（無視所有證據）的頑固想法。

到了1980年代末，人們也清楚意識到，第二個核子時代的第二種可能──使用設計好得多、比較小、比較便宜但更可靠，而且本質上安全的核分裂反應器──不會很快實現。這種反應器設計在美國決定採用源自潛艦壓水式反應器之前就已經有人提出，而1980年代初以來出現了許多某程度上具體的概念型和試驗計畫提案，尤其是小型模組化反應器構想，但沒有新的根本改變。此外，加快恢復久經考驗的核分裂發電能力，或許可以作為減少世界主要能源供應產生的二氧化碳排放的多方面策略的一部分，但至今沒有國家在這方面作出有約束力的堅定承諾。沒錯，一些以前強烈反對核分裂發電的人，現在已經變成了大規模核能發電的熱情支持者，而有些國家的政府──可以料到有法國，但也包括美國和英國──已經將核分裂發電納入加快去碳化的技術選項中。

2020年代初，政府和私人投資者宣布了開發各種小型模組化反應器（裝機容量不到300百萬瓦）的大量計畫，要跟上所有消息已經變得比較困難。對此有興趣的國家包括加拿大、中國、捷克、俄羅斯、韓國和美國。勞斯萊斯公司首次涉足核能發電領域，現在承諾最終將在英國建造最多16座這種小型反應爐。有些設計選擇使用數十年前遭到放棄的熔鹽：加州的凱羅斯電力（Kairos Power）正在開發小型熔鹽反應器，而中國也在政府的支持下做這件事；2020年10月，美國能源部提供資金給西雅圖的泰拉能源（TerraPower），用於展示345百萬瓦、具有熔鹽儲能功能的鈉冷快中子反應爐Natrium。

　　此外，也有像Oklo這種微型反應器新創企業，其反應器可以利用來自傳統大型反應器的乏核燃料，發電容量僅為1.5百萬瓦，但足以滿足一個工業區或大學校園的電力需求。Oklo公司網站展示了一座以山巒輪廓為背景、使用了玻璃材料的大型木屋，清楚表明了其產品設計的原始「綠色」血統，無須任何人在場即可運作。考慮到過去落空的核能發展預期，目前唯一明智的態度是觀望，等著看在加快去碳化的額外誘因支持下，已經宣布的計畫有多少個能夠創造出實際工作原型，然後又有多少個可以為未來的商業機會奠定基礎。無論如何，沒有一個國家宣布過任何具體、詳細和有約束力的計畫，藉此矢言將重新投入必須耗費數十年的反應器建造工作。

　　2021年，核分裂發電在全球電力市場占總裝機容量約5%，占總商業發電量約10%，並沒有像業界一度預期的那樣，以數以千計的反應爐（多數為滋生反應爐）主宰電力市場，而關於這種嚴重落差最不幸的一項事實，可能是我們沒有藉口，不能宣稱一如所有新事業，無可避免的資訊不足造成了重大困難。從一開始，最有見識的科學家、工程師和公用事業管理者，就清楚了解核分裂發電面臨的多數挑戰（從選擇將不甚理想的反應器設計商業化，到顯然嚴重高估了成本競爭力）、固有的缺點，以及這種新技術並不誘人的特點（存在輻射風險、核電廠事故相當可怕、必須持續保持警惕、安全問題，包括核電廠可能遭受恐怖攻擊和可能導致核武擴散）。核分裂發電商業化應該做得更慎重，公眾的接受度和放射性廢料的最終長期儲存得到的關注應該大大增加。

　　核分裂發電是一種代價高昂的失敗，但在結束這個故事之前，我必須強調：我在評估其失敗程度時，考慮了業界極其誇張的樂觀估計，它們將這種技術說得像是具有蛻變性的救贖力量。如果只看它的實際成就，1945年之後核分裂發電事業的發展堪稱「成功的失敗」（successful failure）——我在二十世紀結束前就開始使用這種矛盾的說法來描述核分裂發電，而過去二十年的事實證實它是準確的。雖然核分裂以傑出的高科技解決方案帶來一個新時代的宏大承諾沒有兌現，但核能發電在某程度上是成功的（儘管代價十分高昂）。

　　在全球層面上，判斷較為主觀：核分裂發電貢獻10％的總發電量，這樣是重要還是微不足道（或許可以藉由提高轉換效率來彌補）？對許多國家來說，好處是顯而易見的：2020年，生活在13個富裕經濟體的近2.5億人使用的電力，有超過四分之一來自核分裂，而在11個歐洲國家，該比例高於三分之一。失去這部分發電能力會有嚴重後果，逐步以其他發電方式取代也必須付出高昂的代價。同樣重要的是，歐洲、美國和加拿大的反應爐一直以高得令人欽佩的年度負載率運作，有些甚至超過95％，可靠地提供了必要的基本負載（不間斷運行所需要的最低發電量），而且安全地做到這一點，沒有排放任何溫室氣體或有害劑量的輻射——如果以燃煤電廠生產類似電量，因此排放的懸浮微粒和那些會導致酸雨的氣體，勢必會推高死亡率。

在2022年，發展核能有兩項新的有力誘因：全球發電事業需要加快去碳化，以及歐洲必須減少對俄羅斯能源的依賴。儘管如此，各國的反應仍不明確。2022年2月，法國宣布了在2050年前建造14座新反應爐的計畫（但實際上會建造多少座呢？）；但同年5月，德國拒絕將國內最後一批核電廠的運作時間延長到年底之後。德國當時正面臨俄羅斯天然氣供應不足的問題，但意識形態熱情壓倒了常識：執政聯盟中的綠黨同意增加燃煤，寧願放棄生產更多無碳電力！另一方面，美國和日本都仍未針對建造大量小型反應器作出有約束力的明確承諾。核分裂發電起初據稱將真正改變世界，但實際發展至今仍是遠遠不如預期。

超音速飛行

1903年12月17日，在哥哥韋伯（Wilbur）注視下，奧維爾・萊特（Orville Wright）在北卡州小鷹鎮（Kitty Hawk）的沙灘上完成了第一次動力飛行——也可以說是騰空了12秒、跳了36公尺。然後萊特兄弟交換位置，又完成了三次短距離飛行：最後一次也是最長的一次，持續了59秒。值得注意的是，將近四年之後，才有其他人能夠駕駛重於空氣的機器飛行超過一分鐘。這就是二十世紀第一個十年裡動力飛行的開端，而也許最能說明航空業發展速度的，就是第一個突破發生後僅四十年，飛機工程師就開始認真考慮設計一架飛行速度顯著快於音速的飛機，進而將歐洲與北美之間的飛行時間，縮短至短於早餐與較早開始的午餐之間的時間。

　　轉動飛機螺旋槳的往復式（活塞）引擎主導商業航空至 1950 年代末，但早在 1943 年，英國和德國都已經在部署他們由持續燃燒的燃氣渦輪引擎提供動力的第一批噴射戰鬥機──分別是格羅斯特流星（Gloster Meteor）和梅塞施密特 262（Messerschmitt 262），而德國人率先將噴射戰鬥機用於實戰。這兩款最早的噴射戰鬥機，最快可分別飛到每小時 970 公里和 900 公里，已接近音速，比美國最成功的螺旋槳戰鬥機野馬（Mustang）和英國的超級馬林噴火戰鬥機（Supermarine Spitfire）快得多──前者最高速度為每小時約 630 公里，後者不到 600 公里。在航空學中，以德國物理學家恩斯特・馬赫（Ernst Mach）命名的馬赫數（Mach number），是物體速度與音速的比率。在海平面（和氣溫攝氏 20 度的情況下），聲音傳播速度約為每秒 340 公尺，或每小時約 1,224 公里；音速隨高度增加而略為降低，在噴射客機典型的巡航高度海拔 11 公里，音速降至每秒約 295 公尺或每小時 1,063 公里，因此以時速 903 公里巡航的波音 787 是以 M 0.85 的速度（馬赫數為 0.85）飛行。馬赫數小於 1 是次音速（subsonic），馬赫數接近1為穿音速（transonic），馬赫數在大於1至小於3的區間裡是超音速（supersonic）。

由於第一批噴射戰鬥機的速度已接近穿音速，一旦出現更好的引擎和機身設計，超音速飛行似乎就勢將實現，而且這些進步將從軍用飛機移轉到商用飛機。事實正是這樣。1947年10月14日，查克‧葉格（Chuck Yeager）駕駛X-1火箭飛機以超音速飛行，隨後穿音速戰鬥機和轟炸機進入了美國、英國和蘇聯的空軍機隊。第一架商用噴射客機是命途多舛的英國彗星型客機，1952年以M 0.7的速度短暫服役（其四宗致命事故不是噴射引擎造成的，而是因為其方形窗框周圍的應力最終導致災難性減壓），而波音707是第一款成功且獲廣泛採用的噴射客機，1958年10月以M 0.83的速度開始為定期航班服務。

1950年代初，英國、美國和蘇聯完成了超音速飛行的初步研究。1959年，國際民用航空組織（ICAO）的年度報告談到了這些發展，而且指出：「潛在製造商現在普遍同意，在相對不久的將來，也就是大約到1965年至1970年時，生產超音速運輸飛機將是技術上可行的。」此外，該年報還說，在1959這一年：「人們普遍認識到這種飛機不但真的可以生產出來，而且幾乎肯定將取代目前噴射機的地位。」

英國、法國、美國和蘇聯政府出於不同的原因，推動了視超音速運輸為商業航空下一階段發展的錯誤想法，而當局追求實現該願景的努力導致許多失敗，

每一次都付出高昂代價，有些較快結束，有些曠日持
久。1950年代末，英國和法國各自獨立開發超音速飛
機，最後決定攜手合作；當時英法都已失去其殖民帝
國，因為美國與蘇聯之間的超級大國競爭而淪為次要角
色，而美國也拒絕支持英法考慮不周的蘇伊士運河軍
事行動。1962年11月29日，英法正式簽署合作協議，
啟動了協和（Concorde）超音速飛機事業，希望藉此在
某種程度上重拾昔日大國榮光。法國的南方飛機公司
（Sud Aviation）和加拿大的布里斯托航太公司（Bristol
Aerospace）共同建造機身，英國的布里斯托西德利
（Bristol Siddeley）和法國的史奈克馬〔賽峰飛機發動機
（Safran Aircraft Engines）〕負責開發引擎。機身開發階
段從1972年延續到1978年底，引擎開發到1980年才結
束，20架飛機生產於1967年至1979年間。

　　為了使用傳統的鋁合金，飛機最高速度限制在M
2.2（因為熱限制，速度超過M 2.2的飛機必須以鈦和特
殊鋼材製造）。1969年3月2日，法國原型機首次試飛；
1969年10月1日首次短暫達到M 1速度，1970年11月4
日創出以M 2速度持續飛行的壯舉。兩架原型機隨後進
行了大量測試，而商業營運始於1976年1月21日，同時
提供倫敦飛往巴林和巴黎飛往里約熱內盧的航班。在27
年的商業營運中，英國航空的協和式飛機定期從倫敦飛
往紐約，冬季飛往巴貝多，相對短期的服務包括飛往巴
林、新加坡（經巴林）、達拉斯、邁阿密和華盛頓特區

的杜勒斯國際機場。法國航空的協和式飛機飛往紐約，相對短期的服務包括飛往委內瑞拉的卡拉卡斯、墨西哥（經華盛頓特區）、里約熱內盧（經塞內加爾首都達卡）和杜勒斯國際機場；此外，也提供了飛往世界各地的約三百班包機服務（圖3.6）。

超音速客機的跨大西洋目的地最終只剩下紐約。2000年7月25日，一架法國協和式飛機從巴黎戴高樂機場起飛，被一架剛起飛飛機掉落的一塊金屬刺破了一個輪胎。官方調查結果指出，這塊彈出的碎片導致協和式飛機一個油箱破裂，引發大火並導致引擎喪失動力，結果機上所有人（100名德國遊客和9名機組人員）全部死亡。但是，正如航空事故常見的情況，此次事故還有其他促成因素，最重要的是飛機超載並試圖順風起飛。無論如何，這場災難導致所有協和式飛機停飛，服務恢復後也維持不了多久；2003年10月23日，最後一架協和式飛機從紐約甘迺迪機場飛往倫敦希思羅機場。

蘇聯的圖波列夫（Tupolev）Tu-144超音速飛機，顯然衍生自協和式飛機（這暴露了它的真正來源：蘇聯廣泛的產業間諜活動），而它失敗得更慘。開發Tu-144顯然是蘇聯努力展示技術實力的一項行動，旨在為蘇聯政權在航空航天方面再添一筆世界第一紀錄——1957年發射了世界上第一顆人造衛星史普尼克（Sputnik），1961年尤里・加加林（Yuri Gagarin）成為世界上第一個太空人。Tu-144的設計1965年在巴黎航空展上公開，其原型

圖3.6 英國航空的協和式飛機。資料來源：Miles Blaine Collection，聖地牙哥航空航天博物館檔案。

機在1968年最後一天試飛，搶在1969年3月2日法國協和式飛機首次試飛之前。1973年，蘇聯再次以Tu-144參加巴黎航空展，但機師的失誤造成致命的墜機事故。這款飛機1982年停產，在它投入服務的短暫時間裡，最後幾年主要是運送航空郵件。Tu-144的最後一次飛行是在1984年。

值得注意的是，美國避免了在超音速飛行上失敗，但不是因為沒有嘗試。在1960年代初，美國生產自己的超音速客機被視為勢在必行，因為其他國家將製造這種飛機，美國必須設法保持它此前以波音707、727和737系列客機向世界證明的商業航空優勢。美國的政界人士和超音速客機推動者一再強調這個理由：美國必須保持在飛機設計方面的領先地位，不能落後於英國和法國這種過氣強國，也不能被蘇聯超越。作為對協和式飛機開發計畫的直接回應，甘迺迪總統1963年6月5日宣布開發美國的超音速飛機，而兩年前他矢言美國將在1960年代末之前完成登月壯舉。

當局的最終目標相當崇高。美國聯邦航空局表示，美國的計畫是以開發出「一種安全、實用、高效和經濟的交通工具」為目標，而且「除非具備達到這些目標的條件，我們不應該推進計畫，也不打算這麼做。」真是了不起的承諾！產業界對誰應該為此買單毫無疑問：政府將提供90％的資金，甚至國會領袖也願意由政府承擔75％的成本。來自波音公司家鄉華盛頓州的美國參議院商務委員會航空小組委員會資深成員華倫・馬格努森（Warren Magnuson）表示，美國正在「開發一種將帶領美國和世界進入新世紀的飛機。」

當時，潛在製造商之間的共識是，第一架超音速飛機開始飛行將比較接近1970年而非1965年，而速度可能高達 M 3。甘迺迪總統的提案，則是設想了一架近160噸重、航程6,400公里、巡航速度為 M 2.2的飛機，因此需要以鈦來製造。甘迺迪向國會傳達的訊息也指出了三個明顯的問題：超音速帶來的技術困難無法解決；超音速客機仍然不經濟；音爆問題將「過度困擾大眾」。這些問題最終全都出現，它們結合起來導致政府停止支持開發計畫，美國的超音速飛行夢因此告一段落。

然而，這段過程歷時近十年。1967年，波音的可變形（可變後掠翼）設計取代了洛克希德公司（Lockheed）的傳統設計，但是經過一年的嘗試後，波音放棄了該設計。美國聯邦航空局隨後選擇了340噸重、機型更大的一款設計，與波音747一樣重，是最初計畫的兩倍大（圖3.7）。但在1960年代末的美國，從汙染到噪音等環境影響引起公眾關注，超音速客機成為環保人士早期的突出目標。1967年至1971年間，反音爆的公眾運動變得聲勢浩大、廣為人知，政治影響力也大增。1969年，在新當選總統尼克森的命令下，當局對超音速客機開發計畫做了兩次審視，結論是由於該計畫成本過高以及音爆的影響「令人無法忍受」，政府應該撤回支持。

　　但在1969年9月，尼克森決定繼續執行該計畫，爭

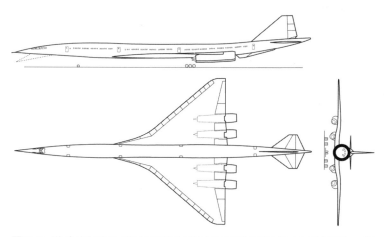

圖3.7 從未起飛的波音2707-300超音速客機的三個視圖。資料來源：Nubifer的插圖，https://commons.wikimedia.org/wiki/File:Boeing_2707-300_3-view.svg，根據CC-BY-SA授權。經許可轉載。

論於是轉移到國會。在國會聽證會上,專家證人詳細說明了超音速客機的所有缺點,包括:效率低下、航程有限、支出不合理,以及噪音異常大。物理學家理查‧加文(Richard Garwin)在他的成就清單上增添了又一項成就(他的其他成就包括參與氫彈的具體設計和電腦印表機的開發):在仍任職於總統科學顧問委員會(PSAC)期間,成為超音速客機的主要批評者,而且可能是所有批評者當中最權威、最有力的一個。最後,在1971年3月24日,美國參議院以51票對46票通過終止資助超音速客機的議案,而尼克森在連任後解散了PSAC(人們普遍認為他這麼做,是因為不滿加文反對超音速客機計畫)。

為什麼這些努力全都失敗告終?開發超音速客機是一種代價高昂、不必要、不經濟和不合理的計畫,歐洲之所以能夠成事,是因為在公眾沒有異議的情況下,顯然較為集權的政府、國營航空公司和政府支持的飛機製造商之間能夠合作(如果不算是勾結的話)。美國則沒有這種條件,但這對美國大有好處,因為它「只」花了大約十億美元在這種失敗的計畫上,企圖藉此維持美國稱霸航空業的幻覺。其實,美國的策略思想家如果想證明自己的價值,應該更關心1970年12月18日空中巴士工業公司成立這件事,因為這標誌著法國、德國和英國聯合起來生產新型商用噴射客機。歐洲此舉最終使美國在飛機業屈居第二:在二十一世紀的第二個十年裡,空中巴士接到的新噴射客機訂單有八年時間超過波音。

　　協和與圖波列夫超音速客機成功起飛並投入商業服務，表面上看起來是超音速飛行的兩個成功案例，但實際上不過是歷時較久和代價大得多的失敗。為什麼速度更快的超音速飛行，即使以空前的方式推廣和提供資金，還是未能自然取代如今已有六十多年歷史的次音速航空？為什麼我們至今還沒看到第二波超音速飛機？這些問題一直都有一些令人信服的明確答案，而即使在1960年代各國對開發超音速飛機的熱情達到最高點時，批評者也已經能夠預料到失敗（而且也真的作出了這種預測）。此外，過去導致失敗的多數原因尚未消除或解決，而最近重新引入超音速飛行的嘗試將必須面對這些問題。

　　超音速飛行顯然面臨四方面的基本限制：飛機設計必須克服巨大的超音速阻力；引擎必須非常有力，能夠維持 M 2 速度；必須以符合經濟效益的方式解決這些問題；而且超音速飛行產生的環境影響必須是可接受的。要解釋這些問題，顯然可以從協和式飛機的教訓說起。這種飛機無論是停在停機坪還是飛行中，我們都可以看到它們優雅的流線型。它們能以略高於 M 2 的速度飛行，因此可以在不到四小時的時間內從倫敦飛到華盛頓特區，到達美國的時間因此早於倫敦出發的時間。這些都是令人欽佩的事實，但關於協和式飛機的幾乎所有其他事情之所以值得注意，都是因為這種飛機的問題因為超音速飛行的基本要求導致的無可避免的限制，而這些棘手要求中最基本的一項，是以更大的推進力克服因為速度提高而增加的阻力。

阻力係數（一個無量綱比率，分子為阻力乘以二，分母為空氣密度乘以物體速度的平方再乘以物體表面積）在略高於 M 1 的速度達到最大值，在次音速和超音速的情況下都比較小。這正是為什麼所有現代噴射客機的巡航速度都是約為 M 0.85，也正是為什麼自 1958 年波音 707 投入服務以來，噴射客機的速度大致保持不變。但升阻比（L/D）隨著速度提高而降低，飛機的航程因此隨著速度提高而縮短：波音 787 以 M 0.85 的速度巡航，升阻比為 18；以 M 1 飛行，升阻比約為 15；速度提高至 M 2，升阻比僅為 10。波音 787 的最遠航程接近 14,000 公里，協和式飛機最遠則只能飛不到 6,700 公里，不足以在不加油的情況下完成跨太平洋航線（從舊金山到東京的飛行距離為 8,246 公里）。

為了盡可能降低阻力係數，飛機的表面積必須盡可能縮小（機身直徑因此越短越好）：機身細長是必要的，這與最受歡迎的次音速飛機機身越來越寬的趨勢背道而馳。協和式飛機機身直徑只有 2.9 公尺，比前噴射機時代最大的遠程活塞引擎飛機洛克希德星座（Lockheed Constellation）小約 20%，只有波音 747 或最新 787 客機（5.77 公尺）約一半大。正如航空史學家理查德·史密斯（Richard K. Smith）所說：「747 將協和式飛機變成了幽閉恐懼症者的夢魘。」協和式飛機採用單通道、兩邊各兩個座位的配置，座位有足夠的腿部空間，但肘部空間相對不足；座位上有軟墊，但機艙裡充滿經濟客艙的侷促感。

但即使橫切面較小，為了承受更高的速度，協和式飛機仍重於尺寸相若的次音速飛機，而且這種飛機的有效載量相對較低，僅為飛機總重量10％左右（該比例只有波音747的一半）。超音速飛機不能靠運送貨物賺錢，而每一架廣體噴射客機同時也是重要的貨運機——你從貨艙門上方的靠窗座位或從航站裡，都可以看到機器將貨物裝進客機的腹部。飛機的速度越快，對材料的要求越嚴格，但只要速度不超過M 2，最好的鋁合金基本上可以滿足要求。速度達到M 2.2時，飛機前緣的溫度高達攝氏135度，高於纖維強化塑膠可承受的溫度極限（攝氏90度），而纖維強化塑膠現在是最新噴射客機的機身和機翼的主要材料。比較重的鈦和鋼，是超音速飛機最顯而易見的材料選擇（塑膠的單位質量抗張強度較高，但某些鋼合金可承受高達攝氏800度的高溫）。

超音速飛機也無法利用最高效的現代高旁通比引擎，這種引擎只有十分之一或甚至更少的渦輪風扇壓縮空氣流經渦輪，餘者繞過核心，因此可以提高燃油效率，同時降低引擎噪音。此外，協和式飛機的引擎需要後燃器來提供起飛和越過阻力最大的穿音速區域所需要的推力，但後燃器增加了燃油消耗，使本已昂貴的維護變得複雜，而且增加了起飛噪音。協和式飛機每名乘客消耗的煤油量，是第一架廣體波音747客機的三倍多。這在1970年沒那麼要緊，因為當時原油每桶只需要2美元，但十年後，在OPEC兩次大幅提高油價之後，原油價格已接近每桶40美元。

即使根據最初過度樂觀的估計，提供超音速飛行服務看來也不可能有利可圖。首先，在1950年代末和1960年代初，主要的國際航空公司面臨財務問題，因為它們還沒付清最新遠程螺旋槳飛機〔洛克希德星座、DC-7、不列顛尼亞（Britannia）〕的費用，就迅速轉用噴射客機。僅僅十年後，它們面臨更大的難題，必須選擇購置一支全新的廣體噴射客機機隊（波音747客機1970年投入使用，麥道DC-10客機1971年），又或者等待第一批超音速飛機，而因為第一代鋁製超音速飛機（最高速度M 2）有可能被仍在開發中的非鋁製超音速飛機（最高速度M 3）取代，後一種選擇變得更不確定。根據1965年的一項估計，如果以超音速飛機提供美國橫跨東西岸的跨大陸航班（因為音爆問題而未成事），固定成本約為使用次音速飛機的四倍，變動成本大致相同，維護勞動成本則是高四倍。

協和式飛機由於開發成本巨大（根據最可靠的估計，最終單位成本是最初估計的12倍），加上投入服務的飛機數量有限，根本不可能賺錢，但OPEC大大加重了它的虧損。相對之下，同樣在1969年首飛的波音747

客機，無疑真正徹底改變了全球客運航空業。航空公司
因為採用波音747而獲得豐厚利潤，乘客喜歡便宜的機
票價格和廣體機身提供的寬敞空間，因此截至2022年，
波音公司生產了近1,600架747。相對之下，協和式飛機
歷來總產量只有20架，僅14架投入商業服務，而且只
有法國航空公司和英國航空公司「購買」，而購買每一
架飛機和提供每一個超音速航班，都得到法國和英國納
稅人大量補貼。

即使超音速飛行奇蹟般地接近有利可圖，航線和目
的地方面的環境限制，也將使得它再次受挫。理查德・
加文在說明超音速飛機的音爆問題時，指音爆最強時等
同「50架巨無霸客機同時起飛」，而民眾不可能接受一
再經歷這種噪音。因此，即使美國開發出超音速飛機並
最終投入商業服務，這種飛機也不可能為橫跨東西岸的
航班服務；當年協和式飛機要在紐約著陸，也遭到抵
制、拒絕和提起訴訟，打了多年官司才終於（有條件）
獲准。

超音速飛行沒有成為運輸速度穩定提高的「自然」
發展的下一步；自1950年代末以來，主流飛行速度一直
保持在 M 0.85不變。航空史學家理查德・史密斯發表了
對追求超音速飛行的最佳評價，稱之為「可傳染痴迷的
瘋狂國際航空傳奇」：「從開始到結束，在英國、法國
和美國，超音速客機就是世界不需要的一種飛行機器；
它是一種政治飛機。」

但至今還是有不少人相信，運輸速度提高是一種自然規律，因此在結束這個故事之前，我必須談談近年一些復興超音速飛行的嘗試。在美國國會終結了美國的超音速飛機開發計畫半個世紀後，以及在協和式飛機最後一次飛行約二十年後，新的超音速夢想又出現了。相關人士誇張的聲稱、超級樂觀的時間表，以及對所有技術問題即將解決的堅定信念，很容易使人想起1960年代初的情況，但這次不是歐洲的政府與航空公司和飛機製造商勾結，而是一家美國新創企業提出了最驚人的展望。

歐盟因為關注環保和偏好嚴格監理，看來沒有興趣再經歷一次像發展協和式飛機事業那樣的事。在俄羅斯，中央空氣流體動力學研究院表示正在設計一種由複合材料製成的超音速飛機（速度 M 1.6，可載60至80名乘客，起飛重量120噸，航程8,500公里），音爆可降低至65分貝，將從2030年開始生產，預計國內需求為每年20至30架飛機。此外，圖波列夫公司的設計部門希望可以再次創造超音速飛機，正致力開發一款商務機（速度 M 1.3－1.6，可載30名乘客），並承諾於2027年首飛。

在認真看待這一切之前，請考慮一下俄羅斯蘇愷超級噴射客機（Sukhoi Superjet）的市場表現。這是一種普通的窄體支線客機，俄羅斯希望它能與無處不在的空中巴士客機競爭。蘇愷航空（Sukhoi Aviation）是俄國著名的超音速戰鬥機設計者（蘇30戰鬥機飛行速度為 M 2），2000年開始開發蘇愷超級噴射客機，2011年完成了首次商業飛行，但是到了2020年，墨西哥的英特捷特航空（Interjet）是唯一訂購該飛機的非俄羅斯航空公司，而且訂購量不多（該公司也受閒置飛機的維護問題困擾）。美國近年的超音速飛行發展計畫，也應該以同樣的懷疑精神審視，但在COVID-19爆發前，數量上似乎有一些優勢：2019年，有四家美國公司在開發超音速飛機，分別是艾利恩（Aerion）、史派克航太（Spike Aerospace）、洛克希德馬丁和大噪科技（Boom Technology）。

　　艾利恩的超音速部門成立於2004年，原本計劃開發一款商務機（可載8至12人，陸地上空速度為 M 0.95，海洋上空為 M 1.4），2023年開始飛行，2025年投入使用。該公司與波音和奇異公司有合作協議，預計在接下來二十年裡賣出500至600架飛機。2021年5月，艾利恩宣告倒閉，花了17年時間，連一架原型機都沒有做出來。史派克航太在其網站上表示，它正在開發一款可載18人的「超安靜超音速商務機」，飛行速度為 M 1.6，「不會產生吵人的音爆」。該公司迄今的表現：最初計劃設計一款可載40至50名乘客的超音速飛機，2018年首飛，2023年獲得認證，然後預計延後至2025年；然後改為開發一款可載18名乘客的超音速飛機，2021年初首飛，2023年交貨。2021年底的實際情況是：沒有飛機飛上天。

　　剩下的就是洛克希德馬丁和大噪科技。洛克希德馬丁速度 M 1.8、載客40人的雙引擎噴射機計畫尚不明確，進展取決於X-59的情況，X-59是該公司自2018年以來為美國航太總署建造的實驗性超音速原型機。無論如何，洛克希德馬丁認為其超音速飛機將需要一種新引擎，目前還沒有推出該飛機的時間表。

另一方面，很少企業執行長像布萊克・蕭爾（Blake Scholl）那樣誇誇其談或提出那麼多時間表，他是大噪科技的創始人暨執行長，這家私人公司計劃製造可載55人、速度為M 2.2的飛機序曲（Overture）。2019年，蕭爾預計序曲飛機將在2020年代中期開始投入商業服務，並提出了十分驚人的訂單預測：在投產的第一個十年裡，訂單將達到1,000至2,000架飛機。

2020年10月，大噪科技推出了XB-1，這是序曲飛機的三分之一比例模型，將於2022年試飛，以驗證其基本設計、駕駛艙人體工學，以至「飛行體驗本身」。但這種體驗將僅限於一名機師，而且XB-1將由三部小型的奇異公司J85渦輪噴射引擎提供動力，而這種1954年設計的引擎已使用於軍事和民航超過半個世紀，談不上有什麼需要驗證。全尺寸的序曲飛機顯然必須採用不同的動力來源，而大噪科技找了勞斯萊斯幫忙，但尚未選擇任何引擎。2022年，大噪科技的時間表是這樣的：公司宣布將在2022年建造一座新工廠，2023年開始生產第一架序曲飛機；2025年完成首架飛機，2026年首飛，然後在快速通過認證之後，這種有65個座位的飛機將於2029年投入商業服務。

這意味著一家從未製造過噴射客機的公司，打算快速完成一種全新超音速客機的設計工作，並且搞定複雜的供應鏈（現代噴射客機使用眾多專業承包商提供零組件），完成組裝、測試和認證過程，比波音為旗下最新787客機完成認證的過程還要快，而波音是世界領先的飛機公司，已經製造數萬架飛機。波音的認證聲明指出：「787客機八年的認證過程是波音歷史上最嚴謹的，而787的設計融合了近一個世紀的航空經驗和安全改進。」即使如此，眾所周知的是，波音在787開始飛行時仍遇到問題。

　　然而，大噪科技在沒有任何經驗和採用一種全新設計的情況下，卻打算比世界上經驗最豐富的飛機製造商更快完成任務。最令人讚嘆的是，該公司的飛機將以零碳液體作為可持續的燃料。蕭爾這麼說：「基本上就是從大氣中吸走碳，將它液化為噴射燃料，然後拿來給飛機用……就是在一個循環裡移轉碳。」那麼，為什麼不是所有航空公司都已經這麼做呢？是不是因為這種技術還沒辦法大規模生產航空燃料，而最好的小規模生產方式產生的燃料，成本至少是煤油的五倍？此外，是否也是因為使用航空生質燃料不會便宜很多（除非所有現場機械都使用再生能源電力，這不會是零碳的），其成本至少是煤油的三到四倍？而且，因為那種新飛機的乘客人均燃料消耗，至少將是波音787的四到五倍，使用這種燃料根本就不符合經濟效益？

　　無論如何，2021年某次受訪時，蕭爾聲稱最終目標是：「消費者花100美元，就可以在四小時內飛到世界上任何地方。」他補充道，這將是「兩代或三代後的飛機」可以做到的事，但即使如此，這也需要許多堪稱神奇的事連續發生，才有可能實現。「世界上任何地方」意味著最大距離2萬公里，四小時內完成就是時速必須達到5,000公里，也就是在20公里高的下平流層必須能以M 4.7的速度巡航。這比有史以來最快的軍用噴射機洛克希德黑鳥SR-71戰機快得多，後者可以在25公里的高度以M 3.2的速度飛行（速度快得多的X-15無法自行起飛，實質上是從一架大飛機上扔下的一枚火箭）。蕭爾的那些說法，顯然都美好到令人難以置信。

有關大噪科技在開發超音速飛機方面的進展，無你聽到（或沒聽到）什麼，以下的基本事實仍是確定的：超音速飛行並沒有取代次音速航空；它甚至沒有搶走後者一丁點市占率，因為出於多種原因，超音速飛行不是飛機發展的必然下一步，而且它的少數優點無法蓋過它的許多缺點。此一現實不會很快改變。

第4章
我們一直在等待的發明

我們一直在等待、尚未實現的發明是個很大的類別，即使只是列出當中我們非常期待的項目，也可能需要好幾頁的篇幅，但這不是本章想做的事。我無意講述人類普遍渴望但顯然尚未實現的一些進步，例如消除癌症或從根本上延長人類的壽命，因為這些目標是建立在錯誤的前提上。在美國，尼克森總統第一個任期內通過的1971年《國家癌症法》（National Cancer Act）被廣泛稱為「抗癌戰爭」的開端，但這只是設定可疑目標的開始。逾半個世紀後，癌症仍是美國第二大死因，但與此同時，我們的表現不能被視為連續失敗，我們並不是無助地在等待真正的突破到來。

談到癌症，我們其實應該看特定的惡性腫瘤，而站在這個角度，我們實際上有很多成就，例如兒童白血病的治癒率或緩解率非常高，而前列腺癌的早期檢測率和有效治療也大有進步。而即使以整個人口的發病率和存活率衡量，趨勢也是一直朝正確的方向發展。美國國家癌症研究所2021年的年度報告顯示，男性最常見的19種癌症有11種（包括黑色素瘤、肺癌、白血病和骨髓瘤）死亡率下降，女性最常見的20種癌症則有14種死亡率下降（同樣包括黑色素瘤和肺癌）。

同樣地，人類壽命未能根本地延長，不應該被視為期望落空、我們仍在等待突破的另一個例子。相對於工業化前的水準，世界上多數富裕國家其實已經大幅延長了民眾的平均壽命，從1800年的約40歲提高一倍至2000年的約80歲，而目前男女合計的最高平均壽命是日本的85歲。這個過程使我們對延長人類壽命的可能性和極限有了基本認識。如果人類的壽命沒有上限，我們應該可以看到高壽群組的壽命不斷延長。直到1990年代初，事實確實如此，但此後壽命增幅開始停滯，然後在達到100歲後下降，而至今還沒有人打破1997年去世的人瑞創下的122.4歲最長壽紀錄。因此，我們大有理由認為人類的最長壽命受限於自然條件，而彈力蛋白（人體內臟和肌肉運作不可或缺的蛋白質）老化，是人類壽命受限的一項重要因素。

本章不談上述這種被誤解或無法實現的目標，而是著眼於那些範圍窄得多（但非常有挑戰性和極其複雜）的技術追求，它們的預期實現時間不斷延後。我將再次按照時間順序逐一闡述，從兩個多世紀前就開始的真空管道快速運輸探索說起。在十九世紀，這一直只是一個令人著迷、僅在理論上可行的構想，但在二十世紀，新材料和新推進技術使它變成一個仍然艱鉅但最終可以實現的目標。

　　本章闡述的第二個尚未實現的突破，是設法使穀類植物（小麥、水稻、玉米）變得像豆科植物那樣，藉由與固氮細菌共生來滿足它們對氮的大部分需求，不再需要人類大量使用化學肥料。這與真空管道快速運輸不同，並沒有引起媒體不加批判的反復關注。這完全不奇怪，因為它涉及如何以更有效和環保的方式種植主要穀類作物，而這遠非多數現代人關心的問題——現代人迷戀快速發展或與電子有關的東西。此外，在富裕國家，只有極少數人了解作物的營養需求，多數人完全不知道小麥（磨粉作為製作麵包和糕餅的原料）或玉米（用來餵養動物，以生產奶、肉和蛋）要豐收需要多少氮素——氮是植物必需的營養素，其供應是作物生產中最常見的限制因素。

　　這種可能在逾一百三十年前就出現了，當時人類發現，存在於豆科植物根部小根瘤中的共生根瘤菌為這些植物提供氮素。從 1970 年代開始，隨著基因工程技術進步，使穀物也能像豆科植物這樣的可能性似乎大大增加了，但半個世紀後，雖然我們在根瘤菌基因組定序和識別關鍵基因（使大氣中惰性的氮能夠轉化為活性和水溶性的氨）方面取得了重大進展，我們似乎距離使主要糧食作物能夠自製氮肥還很遙遠。

　　本章要談的我們仍在等待的最後一項突破是受控核融合，它仍未令人信服地證明可以投入商業使用，成為具有劃時代意義的發明，而相關時程一再延後。受控核融合模仿使恆星能在數十億年裡釋放巨大能量的一些反應，在核分裂首次成功示範之前就已經可以想像。核分裂的首次破壞性應用，是在第二次世界大戰期間經過一段非常短暫的密集研發期後實現的，而再十年後，核分裂就首次用於商業發電。

就在第一批核分裂發電廠於 1950 年代開始正常運作之際，研究人員不但開始探索受控核融合的可能，還引入了一種實驗裝置設計，逾六十年後仍是最有可能實現持續受控核融合的設計。這種設計已經在更大型、功能更強大的配置中測試過，很快將進行預期中整個概念在商業化之前的最後一次驗證，但它還需要多久才能投入商業使用，至今還是只能作有根據的猜測，而不是有把握的預測。

（近乎）真空管道運輸／超迴路

2013 年 8 月 12 日，時任特斯拉董事長的伊隆・馬斯克（Elon Musk）發表了他的「超迴路阿爾法」（Hyperloop Alpha）白皮書。一開始，在概述其構想的背景時，馬斯克問是否存在「一種真正的新運輸方式——繼飛機、火車、汽車和輪船之後的第五種方式」——它更安全、快速、便宜，也更方便，而且不受天氣影響、可以持續自生動力、抗地震，也不會干擾沿線居民的生活（圖 4.1）。他指出：「關於具有多數這些特性的系統，我們應該承認

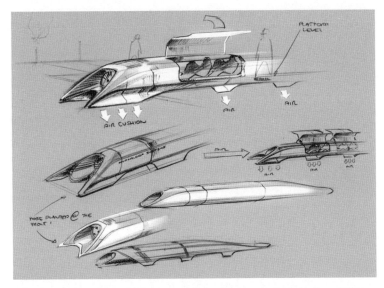

圖4.1 發表於2013年的「超迴路阿爾法」白皮書的第一張圖。
資料來源：「超迴路阿爾法」，http://tesla.com。

已經有人提出許多構想，最早可以追溯到羅伯・戈達德
（Robert Goddard）的提案，近數十年則有蘭德公司
（Rand Corporation）和ET3的提案。遺憾的是，這些構想
都沒有實現。」這段話的第二句完全正確，第一句則大
大低估了這種構想的起源，因此也低估了其第一次連貫
表述出現以來已過去的時間，而這個現實提醒我們，對
該構想即將投入商業營運的說法，應該抱持極其謹慎和
高度懷疑的態度。

　　但首先我必須指出，馬斯克用了一個錯誤的名稱：
所謂的loop（圈、環、迴路）是一種由曲線自繞產生的
形狀，那麼hyperloop（超迴路）是怎樣一種形狀，你可

以自己想像一下。因此，為以下這種運輸方式冠上「超迴路」這個名稱是不正確的，實際上是非常誤導的：在氣壓極低（接近真空）、基本上直線的金屬管道（建在地面上或隧道裡）中，利用氣墊（或磁浮）支撐的運輸艙快速運送乘客，由固定在沿線的磁性線形加速器驅動，並由置於直管頂部的太陽能電板提供能量（也可能使用其他原動機）。撇開誤導人的名稱不談，這個第五種運輸方式由幾個不同部分構成，個別部分的具體屬性或許有多種可能。

看得見的基礎設施是一條管道，直徑僅夠容納可以運送少量乘客的運輸艙。這條管道（最經濟的建造方式是採用預製件）可以建在地上高架上，也可以建在地下隧道裡。運輸艙的尺寸，取決於運送的乘客人數（超迴路阿爾法指定28人，其他設計介於4人至100人之間）和乘坐方式：可以舒適地坐在斜躺椅上，也可以仰臥。高速——從次音速到近音速（音速為每小時1,235公里）——只有在完全真空（達到和維持這種規模的真空狀態成本太高）或非常低氣壓（比較容易維持，但運作上還是必須克服很多困難）的情況下才可以做到。超迴路阿爾法指定管道內部氣壓為100帕斯卡，也就是不到海平面氣壓的千分之一。運輸艙可以利用氣墊或磁浮支撐。現代系統將由先進的線性馬達驅動。

歷史紀錄顯示，這些想法完全不新鮮，第五種運輸方式的基本概念已經出現超過兩百年，期間研究者申請了各種專利，提出了幾個具體方案，而且做出了特定組件的模型。但是，至今還沒有一個（近乎）真空或超低氣壓管道的超快速運輸專案（無論是運送乘客還是貨物，或兩者皆運送）建成並投入營運，甚至沒有建成一個包含所有上述設計要素的短距離試驗性管道運輸系統。

管道是這種系統中歷史最悠久的部分，但使用極低氣壓的想法也有超過兩百年的歷史。值得注意的是，據稱革命性的第五種運輸方式的這兩項關鍵要素，其構想出現的時間甚至早於利物浦與曼徹斯特鐵路——該鐵路是第一個蒸汽驅動的城際運輸系統，1830 年開始運送乘客和貨物。英國鐘錶匠和發明家喬治‧梅德赫斯特（George Medhurst）是管道快速運輸的先驅和堅定支持者。1810 年，他出版了一本簡短的小冊子，題為《一種利用空氣可靠快速地運送信件和貨物的新方法》（*A New Method of Conveying Letters and Goods with Great Certainty and Rapidity by Air*），提議利用管道中（由蒸汽機產生）的氣壓推動小型空心容器來運送信件，並認為同一原理（相應提高氣壓）可用來運送貨物，速度至少是運河或馬車運輸的十倍。

1812 年，梅德赫斯特提出了比較具體的構想，題為《一些計算和評論，旨在證明利用空氣的力量和速度，經由面積 30 吋的管道中的鐵路快速運送貨物和乘客的計畫之實用性、效果和優點》（*Calculations and Remarks, Tending to Prove the Practicality, Effects and Advantages of a*

Plan for the Rapid Conveyance of Goods and Passengers Upon an Iron Road Through a Tube of 30 Feet in Area, by the Power and Velocity of Air），然後在1827年（他去世那一年），在一份出版物中再次探討了他的構想，書名比上次的更長：《一種新的內陸貨客運輸系統，能夠在全國應用和擴展，以每小時六十哩的速度運送各種貨物、牲畜和乘客，費用不超過現行運輸方式的四分之一，無須利用馬匹或任何畜力》（*A New System of Inland Conveyance, for Goods and Passengers, Capable of Being Applied and Extended Throughout the Country; and of Conveying All Kinds of Goods, Cattle, and Passengers, with the Velocity of Sixty Miles in an Hour, at an Expense That Will Not Exceed the One-Fourth Part of the Present Mode of Travelling, Without the Aid of Horses or Any Animal Power*）。

這些簡短的小冊子當時並不廣為人知，但在1825年，英國公眾可以看到一個大膽得多的提議，聲稱可以利用管道、真空和高速，在5分鐘內完成倫敦與愛丁堡之間逾600公里的路程（沒錯，是5分鐘而不是5小時）。新成立的倫敦與愛丁堡真空管道公司（London and Edinburgh Vacuum Tunnel Company）的所有者在「審慎地完善了他們的計畫」之後，在《愛丁堡之星》（*Edinburgh Star*）上刊出他們的招股說明書：「資本為2,000萬英鎊，分為20萬股，每股100英鎊，用於在愛丁堡與倫敦之間建造一個金屬隧道或管道系統，以便在這兩座城市和途經的其他城鎮之間運送貨物和乘客。」

該公司的構想是：沿著兩條並排的隧道（管道），每隔兩哩將放置一個鍋爐，所產生的蒸汽將用來製造真空狀態。出發端列車後方的真空密封解開時，湧入的空氣將推動「一道非常堅固的氣密滑動門，在幾個小圓柱滾軸上運行以減少摩擦」，藉此立即推動列車進入管道。管道裡的車廂將僅運送貨物，因為管道的直徑只有4呎（1.2公尺），乘客將坐在火車車廂裡，其軌道固定在管道頂部，利用強力磁鐵與管道內的貨運列車連接，而貨運列車快速前進將拖著客運列車前進，在5分鐘內行駛近800公里。

《倫敦機械師紀事報》（*London Mechanics' Register*）是當時旨在「向社會勞動階層」傳播科學知識的一份新期刊，它轉載了上述招股說明書，以「嘲笑現在公眾眼前一些荒謬的金錢投資計畫」。正是這樣！當時英國正經歷基於蒸汽的工業化，這為許多離譜的主張、金融騙局和關於技術奇蹟的錯誤預言提供了許多新機會，而那十年間頂尖的英國諷刺插畫家沒有錯過嘲諷真空管道運輸早期宣傳的機會。威廉‧希斯（William Heath, 1794-1840）起初自稱「肖像和軍事畫家」，但在1820年代，他發表了許多彩色諷刺版畫，經常影射當時的政治事務或諷刺普遍的人類愚行。

1829年，倫敦版畫商湯瑪斯‧麥克連（Thomas McLean）出版了希斯的彩色版畫《智力進行曲：主啊，這個世界如何隨著我們年齡增長而進步》（*March of Intellect. Lord how this world improves as we grow older*）。這幅畫作內容豐富，充斥著各種據稱將會出現的新發明，例如：一座連接開普敦和孟加拉的吊橋，一匹名為「迅速」（VELOCITY）的四輪蒸汽動力馬，一個由四個氣球升起、運送大炮的平台，以及一條有翅膀的大飛魚，裡面裝滿從英國運往澳洲的囚犯。但該版畫最有趣的是一條大型無縫金屬管道，它是大真空管道公司（Grand Vacuum Tube Company）的創新智慧結晶，將乘客從（位於倫敦東部的）格林尼治山直接送到孟加拉（圖4.2）。

希斯以彩色版畫描繪英國與印度之間的洲際管道運輸構想時，人類對真空的了解已經足以認識到真空管道是達到空前運輸速度的最佳選擇，但因為材料方面的要求，實現這種構想的時機遠未成熟。在1820年代，鑄鐵不虞匱乏，但大規模生產平價高張力鋼的時代尚未來臨（1856年獲得專利的貝塞麥轉爐面世之後，這種材料才可以大量生產），因此未能使用這種鋼材來建造所需要的管道；此外，也沒有可靠的方法可以在數百公里長的管道裡製造和維持非常低的氣壓，沒有現成的方法可以將乘客安全地封閉在穿行於真空管道的容器裡。

在五分鐘從倫敦直達蘇格蘭的夢想迅速破滅後的數十年裡，出現了各式各樣的提案、探索性鐵路計畫，乃至一些涉及不尋常推進技術的實際專案，尤其是「空

圖4.2 大真空管道公司直通孟加拉的管道運輸：威廉・希斯1829年的彩色版畫是回應一個沒那麼雄心勃勃但還是不可能實現、利用真空管道技術在倫敦和愛丁堡之間運送乘客的計畫。資料來源：威廉・希斯版畫書《未來主義願景》（*A Futuristic Vision*），湯瑪斯・麥克連1829年5月左右於倫敦出版，Wellcome Library no. 37252i，可在https://wellcomecollection.org/works/re2aprgu取得。根據Creative Commons Attribution International 4.0經許可轉載。

氣動力」（atmospheric）鐵路商業化的嘗試。這種鐵路仰賴氣壓推動車廂沿著鐵軌行駛，不需要任何火車頭。軌道之間鋪設了帶有活塞的氣密管，沿著軌道安裝的蒸汽機將空氣從活塞前面的管道中抽出，形成局部真空；活塞後方較高的氣壓推動車廂前進（車廂經由管道頂部槽口突出的金屬板連接活塞）。這種技術明顯的優點包括：沒有火車頭產生的噪音、煙霧和火花，而且相對於火車頭驅動的火車，能夠爬更陡的斜坡。

這方面的努力始於1835年國家氣動鐵路協會（National Pneumatic Railway Association）的一項提案。1839年，英國的薩穆達兄弟雅各與約瑟夫（Jacob and Joseph Samuda）在一條短軌道上進行了試驗，最高速度達到每小時48公里，並達到50％的真空程度，而在1840年代初，第一條商業路線國王鎮與達爾基鐵路（Kingstown and Dalkey Railway）曾在愛爾蘭短暫營運。當時可能是英國最著名的工程師伊桑巴德·布魯內爾（Isambard K. Brunel）對這些試驗留下深刻印象，因此推動在連接愛塞特與普利茅斯的南德文郡鐵路（South Devon Railway）一段52哩的路段裝設這種系統，不顧工程界同儕的警告——英國頂尖的火車頭設計師羅伯·史蒂芬森（Robert Stephenson）指這種計畫是「大騙局」。工程於1844年開始，而在完工之前，布魯內爾已經在克洛敦鐵路（Croydon Railway）一個較短的路段建好了一段空氣動力鐵路。

但是，到了1848年9月，經過不到一年的「空氣動力」運行（因為該系統不斷出現故障，蒸汽火車頭一直使用到1847年）和損失了大量金錢之後，這種試驗結束了。在多個月的時間裡，布魯內爾一直承諾會成功，但他的空氣動力鐵路受到太多無法克服的問題困擾。最棘手的部分也許是管道中的移動槽：它需要氣密密封以保持活塞前方的部分真空狀態，但經過獸脂處理的皮革瓣即使沒有被老鼠啃咬，密封性也很差，而且一直變乾變脆。除此之外，短期（和短距離）的空氣動力鐵路也曾在其他地方運行：1847年至1860年間在巴黎附近，1864年在倫敦水晶宮（僅550公尺），以及1870年至1873年間在紐約百老匯地下（只有95公尺長的氣動地鐵軌道）。隨著更強勁和高效率的蒸汽火車頭出現，以及十九世紀結束前新的電力牽引技術面世，笨拙的「空氣動力」鐵路計畫顯然全都喪失了競爭力。

在管道封閉式快速運輸的漫長傳奇中，下一個重要發展是磁浮構想面世。這種新技術特定部分的第一批專利在1902年頒給了艾伯特・艾伯森（Albert C. Albertson），1905年頒給了艾弗烈・澤登（Alfred Zehden），而至少三位發明家為推進磁浮運輸概念作出了貢獻。按照時間順序，第一個描述磁浮概念的是物理學家羅伯・戈達德，他後來廣為人知的身分是美國火箭推進技術創始人。在伍斯特理工學院（Worcester Polytechnic Institute）讀一年級時，戈達德那一班必須做一份以1950年運輸技術為主題的作業，而戈達德提出了他的構想：在管道內以直流電磁鐵為懸浮列車提供推進力，10分鐘就可以從紐約行駛到波士頓。1904年12月20日，他向他的同學們宣讀了他的構想，並於1906年1月以短篇故事的形式重寫了該構想，以「高速押注」（"The High-Speed Bet"）為標題，投稿給《科學人》（Scientific American）雜誌。

　　這個故事最終被濃縮，集中於基本技術事實，在《科學人》1909年11月20日那一期刊出，只有三分之一頁的篇幅。但即使耽擱了這麼久，正如戈達德後來所強調的，他還是早於埃米爾·巴徹特勒（Émile Bachelet）發表了他的構想（巴徹特勒是一名法國電工，1880年代初移民到美國，1910年4月2日申請了懸浮高速列車的專利）。但受到公眾異常廣泛關注的是巴徹特勒的研究，而不是戈達德的構想。1912年3月19日，巴徹特勒獲得「懸浮傳輸裝置」的美國專利，隨後他展示了一種小型磁浮列車運作模型，該模型具有管狀車頭、軌道底部強勁的「排斥磁鐵」，以及鋁製底座上的管狀鋼鐵車廂，受到特邀專家和印刷媒體的好評（圖4.3）。

　　第一次世界大戰之前磁浮設計的第三位發明者，是西伯利亞托木斯克理工學院物理系主任鮑里斯·彼得羅維奇·溫伯格（Boris Petrovich Weinberg）。1911年至1913年間，他做了一個模型，利用一條長20公尺（直徑32公分）的銅製真空環形管道，以置於管道上方、順序啟動的一系列螺線管，使管道中一個10公斤重的鐵車廂浮起來並最終於每小時6公里的速度環行。在完成這個概念驗證之後，他提出了真實的管道運輸提案，時速預計可達800～1,000公里，乘客躺在雪茄形（直徑0.9公尺、長2.5公尺）的鋼瓶中，並將獲得氧氣供應。他的書《無摩擦運動》（*Motion without Friction*）1914年在俄羅斯出版，而在他被俄羅斯軍方

圖4.3 埃米爾・巴徹特勒和他的磁浮鐵路運作模型。資料來源：
美國歷史國家博物館檔案中心的埃米爾・巴徹特勒藏品。

派到美國以確保炮彈的交付後，其提案的簡短插圖描述也出現在兩本美國期刊上：1917年刊於《電氣實驗者》（*Electrical Experimenter*），標題為「在未來的電氣鐵路上以每小時500哩的速度前進」（"Traveling at 500 Miles Per Hour in the Future Electric Railway"）；1919年刊於《大眾科學月刊》（*Popular Science Monthly*），標題為「半天利用真空將你從紐約送到舊金山的電磁方法」（"An Electromagnetic Method of Transporting You through a Vacuum from New York to San Francisco in Half a Day"）。

1920年，羅伯・巴拉德・戴維（Robert Ballard Davy）獲得了真空鐵路的美國專利，其設計「通常包括一條管道，每隔一定距離設有車站，車站之間的管道內產生部分真空狀態以適當地推動車廂前進，而因為空氣阻力減少，行駛速度可以相應提高。」說到這裡毫無新意可言，所以戴維也聲稱：「車站有一種新穎的設計，使車廂能夠進出相鄰的管道真空部分而不會使大量空氣進入管道，進而破壞真空狀態」，以及「構成前述車站重要部分的滑動門和鉸鏈門採用一種新穎的上鎖設計。」

這些努力都沒有產生任何實際成果，而戈達德的構想在二戰後才終於得到遲來的注意。1945年8月19日，戈達德在去世前不到三個月申請了真空管道運輸系統的美國專利，然後在1950年6月20日，該專利連同三頁的詳細技術圖解頒給了戈達德的妻子艾絲特（Esther）和古根漢基金會。但1950年代是超大汽車流行、航空業擴張和火車乘客量減少的時代（美國火車乘客量早在 1920 年觸頂），而雖然 1950 年代和 1960 年代出現了更多與懸浮技術有關的專利，但美國再度出現一個值得注意的相關構想已是 1972 年，當時聖塔莫尼卡蘭德公司的工程師羅伯‧索爾特（Robert Salter）提出一種超高速運輸系統概念，其「管道飛行器」（tubecraft）將由構成真空管道「路基」結構的導電體中的脈衝或振盪電流產生的電磁波支撐和推進。

令人難以置信的是，索爾特堅稱他提議的跨大陸線路（紐約到洛杉磯）所需要的速度「肯定是在每小時數千哩的級別」，而且這種超音速（遠遠超過 1969 年首飛的英法協和式噴射客機的速度）只能在超直的地下隧道中實現，而隧道建造成本將占系統總成本絕大部分。到了 1978 年，索爾特表示，他構想的這種「Planetran」系統可以「利用海底隧道連接各大洲，擴展成為一個全球網絡」，而且它將是「安全、方便、低成本、高效和無汙染的」。這是一個絕佳的例子，完美說明了一種常見現象：發明家因為沉迷於自己珍視的計畫，可能提出完全離譜的構想！

事實上，在 1970 年代和 1980 年代，美國當時已經嚴重過時的鐵路網絡進一步惡化，而期間日本和歐洲在擴大它們的高速鐵路網絡，兩者分別始於 1964 年連接東京與京都的新幹線，以及 1981 年連接巴黎與里昂的法國高速列車（TGV）。與此同時，一些國家，尤其是日本和德國，建造了短距離軌道來開始試驗磁浮列車。德國的埃姆斯蘭（Emsland）軌道（1984-2012）在發生致命事故後關閉，日本研究人員則在2015年創下了時速603公里的新速度紀錄。第一批短程磁浮商業計畫包括：2004年採用德國設計的浦東機場至上海市區線，以及2005年日本的Linimo線，此外還有三條短程和相對低速的線路於2016和2017年在韓國和中國投入運作。日本第一條長程磁浮線路——東京與大阪之間的中央新幹線——仍在建造中，但完工時間一再延後，現已推遲到2020年代末。

在東亞以外，北美和歐洲都有許多大膽的國內和國際磁浮線路建設計畫，但至今沒有任何一方真的承諾投資。「超迴路阿爾法」白皮書發表後引發熱潮，許多媒體和新技術愛好者因為對類似設計的悠久歷史沒有認識，認為該構想具有驚人的原創性和變革性，而它也引出了許多高速運輸線路新計畫，除了得到大量的天真支持和促成許多技術評估和探索性設計，還促使有心人成立了一些新公司，致力在商業上實踐這種構想。

理察·布蘭森（Richard Branson）旗下公司維珍超迴路一號（Virgin Hyperloop One）的計畫至為雄心勃勃：它在內華達州有一條500公尺長的小型試驗軌道，而在2020年，它的試驗車廂載著兩名乘客，達到每小時175公里的速度，算不上是了不起的成就（自1960年代以來，更高的速度是高速列車的常態）。維珍超迴路一號已經在美國確定了11條潛在路線，包括連接懷俄明州

夏安市（人口不到60萬）與休斯頓的大型計畫（距離超
過1,800公里），在歐洲則有9條潛在路線，包括連接科
西嘉島與薩丁尼亞島、西班牙與摩洛哥的海底線路，在
印度（浦那至孟買）、沙烏地阿拉伯（利雅德至吉達）
和阿拉伯聯合大公國也有線路計畫。

　　超迴路TT（Hyperloop TT）這家公司在法國有320
公尺長的試驗軌道，計劃建設一些堪稱冷門的線路，將
一些比較小（而且相對接近）的城市連接起來，例如捷
克摩拉維亞地區的布爾諾與斯洛伐克首都布拉提斯拉
瓦，以及印度安德拉邦的維傑亞瓦達與阿馬拉瓦蒂。最
早的報告聲稱第一批超迴路商業線路最快將於2017年建
成，然後是2019年和2020年。這些年份都過去了，而
目前連令人信服的全尺寸示範線路也仍遙遙無期，兩座
城市之間一條真正可靠、安全和賺錢的商業線路就更不
用說了。截至2022年初都沒有超迴路線路投入營運，
無論是建在地上高架上還是地下隧道裡，而最快完工時
間的預測已經延後至2020年代末。超迴路相對於高速
鐵路常被提及的優勢——沒有輪子（利用氣墊或磁浮支
撐）、行駛速度快得多、能源消耗顯著降低、建設成本
較低——沒有一項得到過哪怕是一個商業計畫檢驗，而
所有這些說法在得到證實之前，全都仍屬於一廂情願的
想法。

　　過去的管道快速運輸構想無法實現，是因為十九世
紀和二十世紀的工程師缺乏合適的材料和技術，來建造

必要的管道和運輸艙、將管道內部氣壓降低至接近真空的水準，以及安全可靠地長距離驅動運輸艙。這些困難至今全都仍未克服。最能理解此中巨大困難的人是真空物理學家和鐵路工程師，他們指出了必須克服的許多基本障礙，而唯有在克服了這些困難之後，利用真空管道以近音速運送乘客才有可能稍為普及，哪怕只是達到仰賴鋼輪在鋼軌上行駛的高速鐵路的十分之一普及率。

馬斯克將管道快速運輸許多方面的問題說得微不足道，從路線選擇到整個系統的實際成本都是。例如，他說將數百公里的管道建在地上高架上：「對農田的破壞極少，與農民一直需要處理的樹木或電線桿問題相若」，但這是公然的不實陳述，忽略了高架基座的實際尺寸，以及建造和維護需要的通道。更重要的是，從高速公路到高壓輸電線路等建設的許多先例來看，路線選擇和審批將是一個非常複雜的過程，很容易走彎路和出現延誤。

然而，2017年7月，馬斯克突然在推特上發了一條著名的推文，聲稱他「剛剛獲得政府口頭批准鑽洞公司（The Boring Company）建造連接紐約、費城、巴爾的摩和華盛頓特區的地下超迴路。紐約到華盛頓特區只需要20分鐘。」但成本以十億美元計的專案如果涉及多個司法管轄區，需要聯邦、州和地方政府的同意與合作，並遵守大量的相關限制和要求，其審批都必須經過複雜的準備、評估和談判過程，而任何人對此有所認識，就會覺得馬斯克那條推文完全不可信。該條推文顯然暗示，華盛頓特區某個人打了通電話，給予一家沒有經驗、沒有已完成專案紀錄的公司「政府口頭批准」，去為時速1,000公里的列車建造一條600公里長的管道。

此外，這是在講美國的建設計畫，而這個國家甚至無法將紐約與華盛頓特區之間的舊鐵路服務顯著升級，最多只能提供阿西樂（Acela）「快速」列車，一種沒有專用軌道、平均時速僅為125公里的鐵路服務。而與此同時，人口比美國稠密的歐洲在為時速200～300公里的真正快速列車建造數千公里的專用軌道，而人口更稠密的中國也已經建成了數萬公里的高速鐵路。同樣地，任何人哪怕只是對上一代多數大型建設專案的初始成本估計和最終成本超支稍有概念，就一定會認為各種超迴路線路建設計畫的資本成本總額都只是不確定的猜測。

雖然現在我們掌握了先進材料以及空前強勁和複雜的推進技術與控制系統，但我們並非已經非常接近能以負擔得起的成本建造這種新型運輸系統，然後提供有競爭力的常規服務。必須克服的挑戰還是非常多，包括設法使大眾接受乘坐可能引發幽閉恐懼症的運輸艙，以音速穿過金屬管道（這並不是將美景影像投射到運輸艙牆上就可以的！），以及在工程方面開創許多先河，其中氣壓差是最明顯的基本問題。雖然超迴路不會在完全真空的狀態下運行，但100帕斯卡的氣壓已經足夠接近真空：在高層大氣中飛行的噴射客機所處的氣壓是100帕斯卡的200倍以上，超迴路則是在相當於上平流層（海平面50公里上方）的氣壓下運行。

災難性減壓是飛行中最糟糕的狀況之一，而在氣壓差極大的情況下，在有載人運輸艙行駛、近乎真空的長程管道中，失控減壓將會致命得多。管道若建在地上高架上，鋼管將必須能夠承受其內壁與外壁之間高達一千倍的氣壓差（否則可能被壓碎），而且數百公里的管道都必須可靠地做到這一點，同時還要能夠承受運輸艙快速移動產生的壓力，此外也必須能夠承受管道沿線的整體熱膨脹，以及管頂部與底部的熱膨脹差異，而這一點在炎熱氣候下尤其重要。由於常見的溫度變化幅度達到攝氏50度（$-10°C$至$+40°C$），這種管道系統將需要非常多的伸縮接頭，而每一個接頭都必須能夠保持接近真空的狀態。

將管道埋在地下可以解決上述大部分問題，但要做到這一點，我們必須創造又一項工程史上的先河：建造數百或甚至數千公里的隧道，而且許多隧道將位於地震多發地區。雖然現代隧道挖掘已經高度機械化，但成本還是很高。瑞士的聖哥達基線隧道（GBT）全長57公里，是世界上最長的隧道，耗資約105億美元（每公里接近2億美元），歷時近17年才完工。此外，一個由近乎真空管道構成的龐大網絡，顯然很容易成為恐怖分子的攻擊目標，而且相對輕微的爆炸就可能造成災難性減壓。

在2022年，我們得以全面了解交通專家對真空管道快速運輸的看法。國際磁浮委員會（International Maglev Board）的一項全球調查顯示，交通專家否定超迴路構想，主要是因為他們認為這種計畫低估了營運和安全方面的複雜性，也低估了基礎建設和營運的成本。總而言之，超迴路甚至稱不上是一種半生不熟的構想，而考慮到交通專家的批判意見和2013年以來超迴路計畫的實際成就，如果有快速運輸專家正在等待第五種運輸方式出現在他們的城市，我們看來應該建議他們注意飲食和持續鍛鍊，以便保持身體健康和達至長壽。梅德赫斯特、戈達德、巴徹特勒和索爾特自1810年以來提出了相關構想和主張，如果我們從中得到的教訓對最近這波真空管道快速運輸熱潮有參考價值，哪怕只是一點點，那麼期待看到超迴路投入服務的人就真的必須長壽，否則將無法如願。而即使各方面的發展都超乎想像的好，第一批付費乘客在夏安、布爾諾或維傑亞瓦達進入超迴路的運輸艙，被加速到接近音速，然後幾分鐘後到達數百公里外的下一站，也將會是很久以後的事。這種夢想出現了超過兩百年之後，我們至今仍在等待。

固氮穀物

我們對世界的認識和我們的福祉，頗大程度上有賴1867年至1914年間科學和工程方面的進步，但我們對這一點的認識還不夠充分。在那幾十年間，人類發明了許多重要技術並將它們商業化，包括內燃機，發電、電燈和電動機,便宜的鋼鐵生產方法,鋁的冶煉,電話,第一批塑膠,第一批電子設備,以及無線通訊快速發展。此外,我們也開始認識傳染病的傳播和健康成長的營養需求(尤其是攝取足夠的蛋白質),以及為了確保糧食供給充足和可負擔,我們需要不可或缺的植物養分。

最後一點認識尤其重要,因為正在工業化的世界當時正經歷一場不可重複的深刻經濟和社會變革。這場重大轉變的關鍵部分,包括糧食需求不斷增加和飲食習慣改變,而驅動這些變化的因素包括人口加快成長、人口大規模遷移到城市、可支配所得增加,以及工廠和服務業的女性就業人口增加。持續增長的城市人口,不但有能力增加植物性食物的人均消費,還有能力購買更多以前消費受限的動物性蛋白質(肉、蛋和乳製品)。這無可避免地導致人類必須將越來越大比例的作物收成用作動物飼料,而田間作業(耕地、播種、收割)機械化程度提高使人類必須維持大量役用動物——到了十九世紀末,美國農田雖然充裕,但種植作物為國內的馬和騾提供飼料,就占用了全國約五分之一的農地。

與此同時,每單位農地的作物產量仍然相當低(美國和俄羅斯小麥平均產量為每公頃不到1噸,而即使在最高產的歐洲地區也不超過每公頃1.5噸),而農田空前擴張的時期(在北美大平原和加拿大大草原,以及俄羅斯、南美和澳洲,草地大規模轉化為農田)當時即將結束。糧食需求不斷成長,加上滿足需求的可能性不大,

使得人類有理由尋求相對快速的解決方案 —— 而拜植物
科學、生物化學和農藝學方面的進步所賜，我們有史以
來第一次知道需要做什麼來改變這種令人擔憂的前景。

1898 年 9 月，化學家暨物理學家威廉‧克魯克斯
（William Crookes）在布里斯托英國科學促進會年會上發
表關於小麥的主席演講，以令人難忘的措辭闡述了此一
挑戰和解決方案。其演講最常被引用的一句話是：「所
有文明國家都面臨糧食不足的致命危險」，而他估計需
求增加最快將在 1930 年導致全球小麥供應短缺。但他
也指出了最有效的解決方案和當中最重要的部分：增加
為作物施肥和提高氮肥用量，而氮是最常限制小麥（實
際上是所有穀物）產量的巨量養分。克魯克斯正確地觀
察到，無論是利用動物糞便還是種植綠肥（苜蓿、三葉
草）都無法滿足未來的肥料需求，而且那個時代唯一重
要的無機肥料，在阿塔卡馬沙漠開採的智利硝，供應也
顯然有限。

我們必須做的是利用大氣中無限量的氮，將占空氣
質量近 80 ％的惰性分子 N_2 轉化為活性化合物（最好是氨
NH_3），可以被作物吸收，成為確保作物產量可以提高
的巨量養分的來源。克魯克斯這麼說：

> 固氮對人類文明的進步至關重要。其他發明有助我
> 們提高智性舒適度、增加享受或便利；它們的作用
> 是使我們的生活變得比較輕鬆，幫助我們獲得財
> 富，或節省時間、提升健康或減少憂慮。固氮是不

遠的將來的一個問題……必須擔起重任的是化學
家……正是經由實驗室，我們最終可能將飢餓轉化
為富足。

值得注意的是，克魯克斯提出呼籲僅十餘年後，化
學家就真的擔起了重任。1909年，德國卡爾斯魯爾大學
化學教授弗里茨・哈伯（Fritz Haber），成功地利用基
本元素合成了氨（圖4.4）。他的做法是從空氣中取得
氮，利用灼熱的焦炭與水蒸氣的反應取得氫，然後使用
金屬（鐵）催化劑，在高壓下將這兩種元素結合起來。
他的研究得到當時全球工業化學品主要生產商巴斯夫
（BASF）的支持，而在巴斯夫最能幹的其中一名工程師
卡爾・博施（Carl Bosch）領導下，哈伯的實驗室示範迅
速轉化為大規模的工業生產（圖4.4）。

巴斯夫1913年9月開始合成氨，但該化合物很快就
在第一次世界大戰期間被轉為用作生產炸藥的原料，肥
料生產在1918年後恢復，但大規模使用源自合成氨的化
合物（尿素、硝酸銨和硫酸銨）要等到第二次世界大戰
之後。增加施肥成為1960年代開始推進的綠色革命的
重要部分，而綠色革命也仰賴新的矮稈品種、大量使用
氮肥，以及使用殺蟲劑來達到創紀錄的穀物產量。到了
1970年，全球合成氮肥施用量高達1950年的八倍以上。
到了二十世紀末，氮肥施用量已增至每年超過8,000萬
噸，最近則是每年接近1.2億噸。

這種做法的好處是無可爭議的：根據我的估算，全

圖4.4 左方為弗里茨‧哈伯（1868-1934），他率先示範了如何利用基本元素合成氨。右方為卡爾‧博施（1874-1940），他將哈伯的概念轉化為可行的工業生產方法。

球不少於40％的人口從經由哈伯－博施合成氨獲得氮的農作物中獲取膳食蛋白質（直接來自農作物，間接來自動物食品）；在中國，這個比例約為50％。但是，一如幾乎所有有益的發明，這個令人欽佩的解決方案也有缺點。首先，人類施用的氮肥超過一半沒有被農作物吸收，而是經由不同的途徑（揮發、濾出、侵蝕、被細菌轉化為一氧化二氮）逃逸到環境中。施用的氮肥最終進入作物收成的比例，目前全球平均低於50％，而在中國的集約化水稻種植中，該比例僅為三分之一左右。

在二十一世紀的第二個十年中，全球平均每年施用

氮肥約1.1億噸，而流失一半意味著釋出超過5,000萬噸
氮（在活性化合物中，主要是硝酸鹽和氨）到環境中。
此外，這種影響高度集中在北半球農業區，這些地區每
年每公頃農地的氮肥施用量往往超過100公斤，而在最
密集種植玉米或水稻的農田，每年每公頃施用量超過
200公斤。這當然是重大的經濟損失（氮肥通常占集約
化作物種植變動費用五分之一），而且還會造成嚴重的
環境問題。

　　目前這些環境問題中最普遍和最難控制的，莫過於
沿海水域出現大面積的死區。滲入溪流的氮肥被輸送到
池塘和湖泊，最終進入沿海淺海水域，促成藻類過度生
長。這些藻類死亡後沉入海底，其分解消耗了溶氧，結
果是海水缺氧，魚類和海洋無脊椎動物因此窒息。這種
死區如今出現在墨西哥灣以及歐洲和東亞許多海岸線。
施肥釋出的氮氧化物和二氧化氮，在大氣反應中轉化為
硝酸鹽，導致酸化降水（也就是人們常說的酸雨，而酸
雨主要是硫氧化物的排放造成的）。

　　施肥的另一副作用也正受到更多關注，那就是細
菌分解硝酸鹽產生一氧化二氮（N_2O）：這是一種非常
強力的溫室氣體，在一百年的時間尺度上，它的全球暖
化潛力值是主要溫室氣體二氧化碳的近三百倍。但因為
排放量較少，N_2O僅占最近人為溫室氣體排放的6％左
右。長期大量施用合成氮肥也會導致土壤有機碳（以前
源自糞便和作物殘渣的循環利用）減少和土壤的生物多

樣性衰退，從而影響土壤的自然肥力。因此，在維持良好產量的情況下盡可能減少肥料施用量，是現代農藝學的首要目標之一。

不同於非常需要氮肥的主要穀物，豆科植物（豌豆、扁豆、大豆和花生，以及覆蓋作物如三葉草、野豌豆和苜蓿）不需要任何肥料，或只需要很少肥料，就可以有良好的產量，而且可以在收成後留下氮素在土壤裡。人類在古代就已經知道這種差異，傳統耕作者因此雖然不了解種植作物的巨量養分需求，但懂得一起種植豆科作物和穀物，並且藉由輪作提高穀物的產量。人類一直不知道此中原理，直到1838年，法國化學家尚巴蒂斯特・布森戈（Jean-Baptiste Boussingault）在貧瘠的沙地種植豌豆，證明了豆科植物真的會帶給土壤氮素。豆科植物有這種能力，唯一的可能是它們可以利用空氣中惰性的氮產生活性化合物，但實際機制尚不得而知。

再半個世紀後，兩位德國化學家赫爾曼・海里格爾（Hermann Hellriegel）和赫爾曼・維法特（Hermann Wilfarth）在1888年推論，豆科植物與禾本科植物有根本不同，無論後者是野生品種還是因為產量較高而被選出來的小麥、水稻、大麥或燕麥的栽培品種。豆科植物本身無法吸收大氣中遊離的氮素，但藉由與根瘤中的細菌共生獲得氮素（圖4.5）。在他們認識到這一點之後的幾年內，微生物學家確認了存在於豆科植物根瘤中的固氮細菌（屬於根瘤菌屬），以及自由存在於土壤或水中

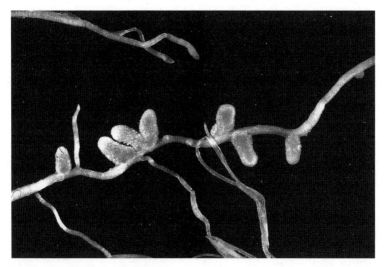

圖4.5 附著在豆科植物根部、含有固氮細菌的根瘤。資料來源：Matthew Crook。經許可轉載。

的非共生固氮菌。

　　人類必須利用非常高的壓力和溫度才可以合成氨（在大型現代氨廠中，哈伯－博施氨合成程序是在相當於海平面氣壓200～400倍的壓力下和超過攝氏400度的溫度下進行），但根瘤菌在環境壓力和溫度下就能做到這件事，而這要歸功於固氮酶：這是一種由兩種蛋白質（鉬鐵蛋白和鐵蛋白）構成的酶，它能使氫與氮反應以產生氨。但這種生物固氮法的能量成本很高，而且固氮酶不耐受氧氣，在空氣中會無可挽回地失去作用，要移轉利用因此並不容易。

　　根瘤菌固氮的發現，引出了一種非常誘人的可能：我們是否有可能誘導穀物變得像豆科植物那樣，藉由

與附著於穀物根部的固氮菌共生，來取得穀物需要的
全部或大部分氮素？早在1917年，伊利諾大學農業實
驗站的研究人員托馬斯‧布里爾（Thomas Burrill）和
羅伊‧漢森（Roy Hansen）就發表了報告探討這問題，
題為〈豆科植物細菌是否可能與非豆科植物共生？〉
（"Is Symbiosis Possible between Legume Bacteria and Non-
Legume Plants?"）。隨後幾十年，這一直只是一個迷人的
想法，沒有任何可行的方法可以逐步實現。但隨著我們
對植物和細菌生理學以及遺傳學的認識不斷進步，這個
構想雖然仍顯然難以實現，但在並不遙遠的未來似乎已
有可能實現。沒有人比美國農學家諾曼‧柏洛葛更清楚
地表達了這個希望，他因為領導開發藉由大量施用氮肥
達至高產的作物品種，在1970年榮獲諾貝爾和平獎。在
他的諾貝爾獎領獎演講接近尾聲時，柏洛葛提出了一些
科幻般的美好想像，說他在夢中看到：

> 綠色、生機勃勃、高產的小麥、水稻、玉米、高粱
> 和小米田，每公頃靠形成結瘤的固氮細菌免費獲
> 得100公斤的氮素。這些穀物根瘤菌的突變品系是
> 1990年一項大型突變育種計畫開發出來的，利用了
> 取自豆科植物和其他結瘤植物根部的根瘤菌。此一
> 科學發現徹底改變了世界各地數億卑微農民的農業
> 生產方式，因為他們現在直接從這些奇妙的微生物
> 那裡獲得農作物需要的大部分肥料，這些微生物從
> 空氣中吸收氮，然後不費分文地將氮固定在穀物根
> 部，然後這些養分被轉化為穀物。

　　這種共生的好處顯而易見。種植穀物將會更有利可圖，因為購買和施用合成氮肥的需求大大減少了。生物固氮的環境效益則包括：合成肥料揮發和濾出大幅減少（進而減少水汙染和酸雨）、溫室氣體排放減少，以及土壤改善（減少壓實、增加有機物質、提高氮含量）。研究人員在1970年代開始積極研究如何使穀物像豆科植物那樣固氮，這種工作隨後一直進行，只是強度有起伏。

　　國際稻米研究所（IRRI）有一個計畫評估利用水稻固氮菌的可能，而美國、加拿大、英國和印度有類似計畫著眼於其他穀物，資金由政府、大學、基金會和企業提供。到了1980年代中，一場重要的固氮研討會的結論指出，實驗進展幾乎都「尚未實際應用於提高作物產量」，但隨著基因工程製造出一些商業上非常成功的作物品種，對未來成功的期望隨之提高。第一批抗蟲的玉米和大豆品種1996年於美國推出，利用了蘇力菌的殺蟲基因。基因改造油菜籽（用於製造烹飪油）1995年推出，而美國現在也種植基因改造的木瓜、洋芋、苜蓿、甜菜和蘋果。

　　有三種不同的策略可以幫助穀物固氮。第一種策略最顯而易見，一個多世紀前發現共生根瘤生物固氮法時就已經有人提出，那就是複製豆科植物常見的固氮方式，設法使根瘤菌與穀物建立像根瘤菌與豆科植物那樣的互惠關係，誘導穀物長出根瘤以滿足自身對氮素的一大部分需求。一些植物科學家認為，最好的做法是選定一些在演化上與結瘤植物關係更密切的非結瘤、非作物物種，先嘗試為這些植物引入固氮功能。無論如何，這種做法應該會促使每一名生物學家思考多布然斯基常被引用的這句箴言：「若不採用演化論，生物學的一切都說不通。」

而演化（高等植物物種超過一億年的多樣化過程）並沒有賦予豆科植物以外任何一個具有重要營養價值的物種利用共生根瘤菌固氮的能力。豆科植物以外唯一值得注意的固氮共生現象是弗蘭克氏菌屬的絲狀細菌，涉及約200個非食用植物物種，而考慮到氮是所有植物物種最常見的生長限制因素，演化僅賦予少數植物應對此一限制因素的方法就特別值得注意。

除了這道難題，還有其他實際問題。我們知道，豆科植物將它們產生的10～20%能量（碳）輸送給根瘤，但由於較為充裕的氮素供應增強了豆科植物的光合作用能力，這種相對較高的能量成本並不會導致相應的產量損失。但穀物如果也有共生固氮能力，情況就未必是這樣。這意味著在需要最高穀物產量來養活大量密集人口的亞洲國家和地區，固氮穀物可能不會那麼容易得到接受。

幫助穀物固氮的第二種策略有兩種做法：一是增強可能存在於穀物根部區域的固氮菌的活性（它們是非共生固氮菌，並不像根瘤菌那樣聚集），使它們能滿足穀物較大比例的氮素需求；二是將固氮菌引入穀物的植物組織中，方法是在種植前處理種子或利用葉面噴灑。

這種做法因為研究人員發現了與熱帶禾本科植物有關的細菌而變得可以想像。自然中有許多自由存在的（非共生）固氮細菌，通常包括土壤中的假單孢菌和固氮螺旋菌，以及水中的藍綠菌（念珠藻、念球藻和許多其他細菌），它們在與植物根部或其他器官沒有任何關聯的情況下生長，通常只為作物貢獻少量氮素。

但是，在1960年代末，巴西微生物學家約翰娜·多貝雷納（Johanna Döbereiner）領導的研究團隊，發現了幾種細菌（醋酸菌、固氮螺旋菌、草螺菌）與一些熱帶禾本科植物的根部形成了關聯（圖4.6）。這些固氮菌並不存在於與宿主植物共生的有組織和可見的根瘤中，而是分散在植物根部上和根部附近，吸收它們的一些分泌物，並間接轉移它們固定的一些氮素。後來研究人員發現，存在於穀物根部區域的固氮螺旋菌的關聯固氮作用，有時對滿足水稻和玉米的總氮素需求有不可忽視的貢獻。

這些發現開啟了增強存在於穀物根部附近的關聯固氮菌的可能，但要有效實現這個目標，我們必須大大增加相關認識，包括了解促進這種關聯的條件，以及考慮到關聯固氮菌固定的氮濃度較低，我們可以期望的實際最大吸收量，而即使成功，這種努力的貢獻也將非常有限。1988年，約翰娜·多貝雷納和弗拉季米爾·卡瓦坎蒂（Vladimir Cavalcante）在巴西甘蔗中發現了內生（存在於植物組織內）固氮醋桿菌，上述方法的前景因此大

圖4.6 約翰娜・多貝雷納（1924-2000），巴西微生物學家，玉米和甘蔗固氮研究的先驅。資料來源：巴西農業研究公司、巴西農業部。

為改善。後來的研究發現草螺菌、固氮弧菌和固氮螺旋菌也參與其中,因此要區分內生與非內生固氮菌的貢獻還是很困難。

英國公司氮科技(Azotic Technologies)由大衛‧丹特(David Dent)和愛德華‧科金(Edward Cocking)創立,現正提供一種使用固氮醋桿菌的專利技術。該公司最早的產品是一種液體種子接種劑,現在還提供葉面處理方法,而它聲稱這些產品可以使植物的每一個細胞都有能力為自己固氮,而且其效力已經在英國、美國、加拿大、德國、比利時和法國的玉米和小麥,以及越南、泰國和菲律賓的水稻上得到證實。該公司在美國玉米田的實地試驗顯示,平均產量增加了5~13%,而在未減少施用氮肥的情況下,產量甚至可能增加20%;亞洲的水稻試驗則顯示產量平均增加17~20%。

氮科技公司在其網站上聲稱,其產品可以滿足作物多達一半的氮素需求。在美國和加拿大,該產品以Envita這個名稱銷售(溝內施用或葉面施用),聲稱可以無風險提高玉米產量至少2.5蒲式耳/英畝(也就是每公頃近160公斤)。但實用農業研究(Practical Farm Research)2020年和2021年在肯塔基州、伊利諾州、俄亥俄州和明尼蘇達州所做的獨立溝內試驗顯示,一些對照組(未施用Envita的田地)的產量實際上稍高一些,而且典型的產量提升幅度不超過幾個百分點。同樣地,愛荷華州葉面施用試驗顯示,在五項試驗中,Envita對玉米產量沒有顯著影響（未施用Envita的田地產量稍高一些）；在一項試驗中，Envita顯著提高了產量，但在另一項試驗中，它導致顯著的產量損失。這些結果與業者廣告所宣傳的，顯然有巨大的差別。

第三種策略是最根本和最雄心勃勃的：為穀類植物直接引入固氮基因，創造出不需要任何微生物就能夠自行固氮的新作物。但這件事因為兩道天然障礙很難做到：固氮酶非常複雜，它是將大氣中惰性的氮轉化為氨所需要的基本催化劑（還需要鐵和稀有得多的鉬），而且它對氧氣的存在很敏感。

加拿大的基因轉殖研究聚焦於黑小麥（小麥與黑麥的雜交種），因為相關程序用在這種作物上比用在小麥上更有效，而研究也著眼於利用奈米載體（細胞穿透肽）將整個固氮基因群移轉到粒線體。麻省理工學院的美國研究人員則利用菸草植物（植物遺傳學實驗愛用的植物），希望能將固氮基因從根瘤菌移轉過來。此一任務非常困難，不僅因為過程涉及很多基因，還因為基因表現和主導該過程的細胞成分在細菌和植物中非常不同。2018年，研究取得進展：多種固氮基因可以組合成數量較少的「巨型」基因，後者在宿主細胞中可以表現為大型蛋白質，然後被特別的酶切割以釋出固氮基因個別成分。

不過，即使我們利用基因工程技術，創造出真正能夠自行固氮的穀物，困難也不會就此結束；我們必須牢記基因轉殖作物過去和最近遇到的困難。此類作物受到北美和南美生產者歡迎，也得到這些國家的消費者普遍接受，但遭到幾乎所有歐盟國家和日本拒絕，而中國和印度雖然種植基因改造棉花，但不種基因改造的主要糧食作物或動物飼料作物。這種不情願或直接拒絕是基於公眾普遍的恐懼，而這種恐懼不容易緩和。基因改造作物遭到綠色和有機糧食遊說團體強烈反對，他們反對任何基因改造食物。

此外，對用來飼養動物的玉米進行基因改造是一回事，對小麥進行基因改造是另一回事，因為小麥是西方人的營養主食，是西方文明的基礎之一。因此，雖然經基因改造的小麥品種已經被開發出來並進行了測試，但在北美、歐洲、亞洲和澳洲都完全沒有投入商業生產。美國、加拿大和澳洲還面對一個顯而易見的問題：這些國家是主要的穀物出口國，如果它們種植基因改造小麥，將無法出口至世界上不接受任何基因改造食物的多數國家。2020年10月，阿根廷農業部批准了基因改造耐旱小麥品種Bioceres HB4供人類食用，但這是一種趨勢的開端，還是一個無關緊要的例外？而在人類認識到共生根瘤菌固氮作用超過130年後，在布里爾和漢森提出固氮菌是否可能與穀物共生這個問題超過一個世紀後，在柏洛葛提出他的諾貝爾獎願景50年後，在基因工程技術快速發展了數十年後，我們現在處於什麼位置？

業界在1970年代承諾快將取得真正的突破，在1990年代作出了更樂觀的承諾。考慮到基因工程技術的進

步，相關承諾是否將於2020年代兌現？一如預料，現代
新聞媒體報導值得注意的研究進展時，幾乎總是聲稱我
們因此「更接近」穀物自行固氮的聖杯──但何謂「更
接近」一直難以闡明。今年報導的「重大進展」，五年
後可能證實毫無意義。有些說法則在時間方面耍把戲。
Joyn Bio是銀杏生物工程〔（Ginkgo Bioworks），波士頓
一家創造客製化細菌的公司〕與拜耳投資部門Leaps by
Bayer（拜耳的業務已經遠非只有阿斯匹靈，如今是一家
領先的農企業）的新合資企業，它在公司網站上表示，
「我們的第一項產品**是**一種利用工程技術創造出來的微
生物，可以使玉米、小麥和水稻等穀物將空氣中的氮轉
化為養分」，但向下滾動查看詳細資料，會發現寫著：
「我們的第一項產品**將是**一種利用工程技術創造出來的
微生物，可以……」。

　　針對自行固氮的穀物還要多久才會出現的問題，劍
橋大學作物科學中心的吉爾斯・歐卓德（Giles Oldroyd）
作出了最好和唯一誠實的回答：「這個問題沒有答案。
我們正在未知的領域工作。」拜數十年來農藝學、植物
科學和基因工程方面的研究所賜，相關的未知領域自然
顯著縮小了，但即使如此，我們現在還是不能聲稱，像
大豆那樣的小麥或像扁豆那樣的水稻將在某個確定的日
期之前出現在我們周遭的田地裡，而且種植這種作物將
非常有利可圖，保證可以在大幅減少施用氮肥的情況下
保持產量，並將帶來我們非常期待的多種環境效益。

受控核融合

以大小和輻射而言，位居我們行星系統中心的這顆恆星，絕對沒有什麼特別之處：在我們銀河系約1,000億個輻射體中，非常相似的恆星數以百萬計。因為它特有的黃色，天文學家將它放在根據恆星光譜為恆星分類的圖表的中間位置。以大小而言，它是一顆十分常見的G2 V級矮星，一如我們太陽系外最近的恆星比鄰星。太陽形成於約45億年前，早期輻射出的能量比現在少接近三分之一。太陽在宇宙中雖然十分平凡，但它產生的能量是驚人的：太陽的光度約為3.8×10^{26}瓦（焦耳／秒），而全球的初級能源消耗（所有燃料以及所有水力、核能、風能和太陽能電力）約為1.8×10^{13}瓦，相差十三個數量級（數十兆倍）。

太陽如何產生如此驚人的能量，想必使現代之前的許多觀察者感到困惑，而我們要到十九世紀才開始有分析工具可以用來解釋這種非凡的能量流瀉。地球上最顯而易見的類似常見過程是燃燒，但這種轉變（化學上是快速氧化）無法釋放足夠的能量來產生巨大的星體熱和光（燃燒1克的碳會釋出30焦耳的能量，燃燒1克的氫會釋出113焦耳）。在1848年發表的一篇論文中，德國醫師、物理學家、熱力學奠基者之一的羅伯·梅耶（Robert Mayer）得出（錯誤的）結論，認為太陽的熱來自墜入太陽的隕石的能量。1854年，另一位德國物理學家赫爾曼‧馮‧亥姆霍茲（Hermann von Helmholtz）指出，太陽可能藉由將重力運動轉化為熱來產生足夠的能量：在重力吸引下，太陽的外層可能向內移動，使這顆緩慢縮小的恆星變得明亮和非常熱。太陽每年收縮40公尺（相對於太陽139.3萬公里的直徑，這種萎縮幅度顯然太小，人類觀察數千年都無法發現），就足以產生它在十九世紀中輻射出的能量；果真如此，太陽可以維持這種能量產出3,000萬年。

這顯然意味著太陽的壽命只有數千萬年，而十九世紀中的地質和生物學研究顯示，陸地和生物演化的時間跨度必須遠長於數千萬年。那麼，究竟是物理學家的設想意味著達爾文堅持的漫長演化論站不住腳（這種可能確實一直困擾達爾文到他去世），還是物理學家的設想根本就錯了？1896年，亨利‧貝克勒爾（Henri Becquerel）發現了放射性，放射性研究隨之開始，而在這種研究估算出太陽已經存在了大約50億年之後，上述重力假說就顯然站不住腳，科學家於是開始尋找一種可以持續如此漫長時間的反應。

1920年代，英國天文物理學家亞瑟‧愛丁頓（Arthur Eddington）提出恆星能量來自核融合和質子電子湮滅（proton-electron annihilation）的假說，並堅持認為恆星內部環境熱到能夠發生這種反應。最後，在1930年代，核子物理學的發展清楚告訴我們，太陽輻射由核反應驅動，而到了1930年代末，物理學家已經清楚知道這是如何發生的。最簡單的可能序列始於兩個質子融合成重氫（氘），而這由卡爾·弗里德里希·馮·魏茨澤克（Carl Friedrich von Weizsäcker）於1937年首先提出，隨後很快由查爾斯·克里奇菲爾德（Charles Critchfield）和漢斯·貝特（Hans Bethe）正確量化。此一反應也產生一個正子和一個微中子，而氘與另一個質子融合成一個氦同位素，並釋放比第一個反應多一個數量級的能量。

貝特也解釋了第二組反應，這始於碳與氫融合以產生氮同位素和伽瑪輻射，終於氮同位素與氫融合以產生碳和氦；這為貝特贏得1967年的諾貝爾物理學獎（圖4.7）。碳在這當中只是催化劑；這種反應結合四個質子和兩個電子以形成一個氦核，而貝特於1938年發現「碳氮循環（carbon-nitrogen cycle）大致正確解釋了太陽的能量產生」。質子質子循環（proton-proton cycle）中氫融合成氦，只有在溫度達到絕對溫度1,300萬度時才會發生，而再生的碳氮循環在溫度超過絕對溫度1,600萬度之後，成為太陽能量的主要來源。

太陽核心的核反應在相當於地球表面壓力約2,500億倍的壓力下進行，每一秒消耗430萬噸物質並釋放3.89×10^{26}焦耳的能量。這種能流（energy flux）迅速轉化為熱並向外傳輸，而太陽可見發光層每平方公尺輻射約64百萬瓦。這種能流在到達地球軌道之前沒怎麼被吸收，因此地球大氣層頂部可用的功率通量輸入（太陽常數）為每平方公尺接近1,370瓦。以上解釋是必要的，因

圖4.7 漢斯‧貝特（1906-2005）因為解釋了太陽的核融合反應而榮獲諾貝爾物理學獎。資料來源：美國洛斯阿拉莫斯國家實驗室。

為追求受控核融合基本上就是嘗試複製維持太陽巨大能量輸出的極端環境，然後利用由此產生的熱來發電。

在貝特 1938 年提出發現後僅 14 年，人類就成功利用太陽核融合原理一次性瞬間釋放能量，也就是以核融合作為空前爆炸力的來源。1938 年，貝特和所有其他美國頂尖物理學家〔以羅伯·奧本海默為首，成員包括歐內斯特·勞倫斯（Ernest Lawrence）、格倫·西博格（Glenn Seaborg）和菲利普·艾貝爾森（Philip Abelson）〕，以及離開歐洲去到美國的物理學家〔最著名的是恩里科·費米（Enrico Fermi）、李奧·西拉德、約翰·馮紐曼（John von Neumann）和愛德華·泰勒（Edward Teller）〕，不可能知道短短幾年後，他們將利用重元素核分裂，合作設計和製造世界上第一批核武器。曼哈頓計畫的工作 1942 年積極展開，貝特成為其理論部門的負責人，而核分裂武器 1945 年 7 月首次測試，然後分別於 1945 年 8 月 6 日和 9 日被用來轟炸廣島和長崎。

而那時候，愛德華·泰勒和恩里科·費米不但已經在考慮開發核融合炸彈，還考慮了受控核融合反應的可能，而六年後，泰勒針對關鍵物理設計問題的解決方案，成就了 1952 年美國首次氫彈試驗（實際上是一個 74 噸重的固定裝置）（圖 4.8）。蘇聯物理學家 1955 年 11 月測試了他們的第一件熱核武器（相當於 160 萬噸 TNT 黃色炸藥）。兩國隨後製造出威力更大的武器，但美國在 1954 年測試了相當於 1,500 萬噸 TNT 的炸彈後就停止了

圖4.8 愛德華・泰勒（1908-2003）與美國第一次氫彈試驗。資料來源：勞倫斯利佛摩國家實驗室；全面禁止核試驗條約組織。

這方面的努力，蘇聯則在1961年10月測試了一個相當於5,800萬噸TNT的炸彈。在貝特提出解釋後不到二十年，人類已經能夠將恆星的核融合反應複製到武器中，而這種威力空前的核武器釋放的能量，足以瞬間摧毀一座數百萬人口的城市。

　　如前所述，在美國，核分裂技術的商業應用，非常仰賴較早開發出來的軍事應用，以及設計來驅動潛艦的壓水式反應器。追求核融合的商業應用無法訴諸類似做法，我們無法改造氫彈以產生有用的工業或空間熱能，或用來發電。我們需要的是一種特殊裝置，能夠將電漿約束在裝置內足夠久的時間以引發核融合。實現受控核融合最簡單的方法（簡單在這裡是相對而言），是將氫的兩種重同位素氘和氚結合起來，形成一種氦同位素。

在核融合需要的溫度下，氫同位素以電漿的形式存在，這是物質的一種過熱狀態，電子從原子核剝離出來，形成電離氣體。氘核與氚核融合需要巨大的能量，它們的相互動能必須至少達到 100 keV（100,000 電子伏特）。因為 1 eV 相當於絕對溫度 11,606 度，這種相互動能相當於絕對溫度約 1.1 億度。首先，兩個氘原子釋出一個質子和一個氚核：$^2H + {}^2H \rightarrow {}^3H + {}^1H$。然後，另一個氘核和氚核以高相互動能融合，產生一個氦 -4（一種高能量 α 粒子）和一個能量更高的中子：$^2H + {}^3H \rightarrow {}^4He + {}^1n$。氦 -4 帶走這種融合產生的所有能量的 20％，而在融合反應產生了足夠能量之後，電漿就會熱到不需要任何外部能量輸入也可以維持，這就是自熱的「燃燒」電漿狀態。

中子帶著核融合產生的 80％ 能量，從電漿中逸出，隨後在其他地方被吸收，產生熱能，最終被用於發電，方式一如大型化石燃料電廠（使用蒸汽渦輪發電機）。受控核融合需要氘和鋰這兩種元素，而它們都不虞匱乏。氘可以從海水中分離出來（每立方公尺海水含有 33 克氘）。鋰這種輕金屬現在因為用於生產電池而需求量巨大，但其資源儲量（截至 2020 年為接近 9,000 萬噸，很可能將會增加）以目前的速度足以開採約一千年。另一方面，因為氚這種同位素在自然中極其罕見（它是由宇宙射線與氮分子碰撞，在大氣中產生），未來的核融合廠將必須自己產生氚，辦法是利用鋰層包圍受約束的電漿來捕獲中子。

　　促成高能量核碰撞以成就核融合需要三個條件：維持極高的溫度；維持足夠高的電漿密度以增加核碰撞的可能；維持電漿夠久以持續產生熱能。這些都是非常棘手的難題，但受控核融合的探索剛開始時，許多物理學家認為相對快速成功是有可能的。在 1955 年日內瓦召開的第一屆原子能和平用途國際會議上，主持會議的印度核子物理學家霍米‧巴巴（Homi Bhabha）在開幕致詞中就表示：「未來二十年內，將會發現一種受控釋放核融合能量的方法。」

　　這只是許多過度樂觀的期望中的第一個，但在 1955 年至 1975 年間的二十年裡，核融合實驗取得一些顯著進展，尤其是在 1951 年開始研究受控核融合的蘇聯庫爾恰托夫研究所（Kurchatov Institute）。當時許多蘇聯物理學家認為，磁約束（magnetic confinement）是通往最終成功的最佳途徑。磁約束可以利用多種複雜的配置達成，但（類似甜甜圈的）環形裝置是他們的首選設計，它利用超強磁力使電漿在管狀真空室裡持續流動。這個概念由英國的布萊克曼（M. Blackman）和湯木生（G. P. Thomson）於 1946 年註冊專利，環形裝置設計則是在 1950 年代初由伊戈爾‧塔姆（Igor Tamm）和安德烈‧沙卡洛夫（Andrei Sakharov）提出，而這種實驗性磁熱核反應器設計（1950 年代末完成第一批實驗）被普遍稱為「托卡馬克」（tokamak）──這是一個字首縮寫詞，源自「裝了電磁線圈的環形室」的俄文 *toroidal'naya* *kamera s magnitnymi katushkami*字首。

1950年代出現的其他重要實驗設計是萊曼‧史匹哲（Lyman Spitzer）的仿星器（stellarator，利用外部線圈產生扭轉磁場來控制電漿）和Z-pinch（仰賴磁場壓縮電漿）。在1950年代和1960年代，提高溫度方面的進展非常緩慢，但到了1975年，最好的蘇聯托卡馬克可以產生1 keV（或絕對溫度1,160萬度）的電漿溫度，然後短短三年後已達到8 keV（絕對溫度9,280萬度）。受控核融合研究變成了一個成長型產業。在美國，參與這種研究的機構包括大型政府實驗室（洛斯阿拉莫斯、勞倫斯利佛摩、橡樹嶺、勞倫斯柏克萊、桑迪亞、薩凡納河）、大學（麻省理工、哥倫比亞、普林斯頓、加州、德州）和私營企業，但美國僅占全球在磁融合研究方面的投入約六分之一，多數資金來自歐盟（約40％）和日本（約20％）。自1970年以來，研究人員開發出約60個受控核融合大型概念設計，美國、俄羅斯、日本和歐盟建造了一百多處實驗設施。

這些努力吸引了媒體低水準的持續關注，而每一次宣布新的實驗進展，媒體關注往往激增。這種吸引力是可以理解的，畢竟核融合被描述為潔淨能源的終極來源，用之不竭、可持續且無碳，是一種可以隨時隨地利用的能量來源，簡直就是我們可以控制的裝在瓶子裡的太陽。因為我們近年關注溫室氣體排放，另一項有利特質突顯了出來：核融合顯然不會排放任何二氧化碳或甲烷。不幸的是，長期以來，大眾媒體在報導受控核融合實驗進展時，在兩方面誤導了大眾。首先是媒體習慣性地將所有進展稱為「突破」，而更重要的是媒體沒有明確指出，這些「突破」只是使受控核融合變得比較接近證實可行（不再只是理論上可行），而不是比較接近成為可以廣泛用來產生熱能和電力的一種實際商業應用。

　　仔細搜尋就能發現大量此類報導，以下只是過去四十年英文媒體的一些例子。1978年《科學》期刊：〈核融合突破報導證實是媒體事件〉。1985年《科學文摘》：〈突破使核融合更接近成功〉。1989年《科學》：〈核融合的突破？〉。2012年美國《國會山報》（*The Hill*）：〈核融合突破開啟了美國能源和產業的新時代〉。2015年《科學》：〈低調的核融合公司聲稱反應器開發取得突破〉。2021年《克拉里恩新聞》（*Clarion News*）：〈核融合時代即將來臨〉。2021年麻省理工永續發展辦公室：〈瓶子裡的太陽〉。

　　那篇〈瓶子裡的太陽〉新聞稿，報導了世界上最強的高溫超導磁鐵的示範，它是麻省理工及其衍生公司Commonwealth Fusion Systems的研究人員創造的。一如關於此類進步的幾乎所有報導，它不可能只是陳述最新成就，而必須說成是「為無碳電力鋪路的一項突破」，使我們向「可行的核融合反應器邁進了一步」，提供了「樂觀的理由，使我們能夠相信在不遠的將來，在改造全球能源系統和減緩氣候變遷競賽中，我們有望利用一種全新的技術。」有些評論甚至更加熱情，例如麻省理工電漿科學與核融合中心主任丹尼斯・懷特（Dennis Whyte）聲稱：「這種磁鐵將改變核融合科學和能源的發展軌跡，而我們認為最終將改變世界的能源格局。」

2021年的另一項核融合紀錄，是在美國勞倫斯利佛摩國家實驗室的國家點燃實驗設施（National Ignition Facility）創下的：來自大型雷射的光集中在一個微小目標上，製造出一個微型熱點，產生了超過10千兆瓦的核融合能，雖然僅維持了100兆分之一秒，輸出能量大約相當於輸入的雷射能。2021年8月的一項實驗顯示，產出比先前（2018年）所創的紀錄增加了24倍，使研究人員「處於核融合點燃（fusion ignition）的閾值」。這項研究仰賴慣性約束（以雷射、X射線或粒子束照射填滿氘和氚的容器，藉此壓縮燃料並將它加熱至燃點），似乎為磁約束設計提供了一種或許可行的替代方案，但其進展一直緩慢。

撇開媒體的措辭和過度熱情的宣傳，我們離成功還有多遠？要回答這問題，我們通常是看核融合實驗設施的Q值達到了什麼水準。Q值是氘氚核融合產生的熱功率與輸入核融合裝置的功率之比率，輸入能量到核融合裝置是為了加熱電漿至過熱狀態以引發核融合反應。顯然，Q＝1是損益平衡點，而核融合反應器設計的歷史反映在不斷上升的Q值上，迄今最高的Q值是英國的歐洲托卡馬克JET所達到的0.67。國際熱核融合實驗反應爐（ITER）是尺寸將創新高紀錄的一個托卡馬克，目前正在法國建造中，而它不但應該將達到Q值的盈虧平衡點，估計還將大幅超越。ITER的起源可以追溯到1985年的日內瓦峰會，建造該設施的協議簽於2006年，2010年在法國南部的卡達拉舍（Cadarache）開始建造。這項聯合行動得到35個國家的支持，包括歐盟、瑞士、日本、俄羅斯、美國、中國、印度和韓國（圖4.9）。

　　一如每一個托卡馬克，ITER也有中央螺線管線圈、大型環形和極向磁鐵（分別圍繞和沿著甜甜圈形裝置裝設）。基本規格為半徑6.2公尺、體積830立方公尺的真空容器電漿，約束磁場為5.3特斯拉，額定核融合功率為500百萬瓦（熱）。這種熱能輸出相當於Q≥10（需要

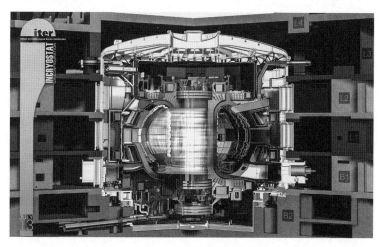

圖4.9 ITER托卡馬克完工後（預計完工日期不斷改變），將成為最大的核融合裝置。資料來源：ITER組織圖片，http://www.iter.org。

輸入50百萬瓦的能量以將氫電漿加熱至約1.5億度），因此將在地球上首次創造出持續運作的核融合反應器所需要的燃燒電漿。ITER將在持續400秒至600秒的脈衝期間產生燃燒電漿，該時間跨度足以證明建造實際發電的核融合電廠的可行性。但必須明白的是，ITER是一種實驗裝置，旨在證明淨能量產生的可行性，以及為比較大、最終商業化的核融合設計提供基礎，而不是一種實際產生能量的裝置的原型。

ITER原定於2016年開始運作。到了2012年，首次產生電漿的時間推遲到2020年，然後在2016年6月再延後至2025年12月（首次使用氚的運行時間則改為2032年）。無論它何時全面投入運作，ITER都不會利用裝置產生的任何熱能來發電，也不會達到持續核融合的狀態，它產生脈衝淨能量輸出（Q>1），只是以熱能輸出除以用來加熱電漿的能量輸入（50百萬瓦）計算Q值，而不是除以該設施的總電力消耗。ITER的總電力需求將是300百萬瓦左右，主要用於將超導磁鐵冷卻至攝氏-269度以及產生15百萬安培的電漿流。

我們一直都是希望利用受控核融合釋放的熱能來發電：傳統的熱交換系統將從核融合反應器的適當部分帶走熱能，然後將水加熱以產生蒸汽來驅動大型發電機。這種約有140年歷史的轉換技術持續提高了效率，最新的渦輪發電機在超臨界蒸汽壓力下運作，可以將超過40％的高溫熱能輸入轉化為電能。因此，如果功能齊全的 ITER 是一座真正的發電廠，將以 40％的效率將 500 百萬瓦的熱能轉化為 200 百萬瓦的電力，淨功率損失為 100 百萬瓦（相對於該設施的總電力需求而言）。這意味著任何商業核融合電廠都必須以更高的 Q 值運作，才能產生成本相對於現在和未來的其他能源具有競爭力的電力。

那會是什麼時候呢？根據原定計畫，ITER 運作二十年後，核融合示範電廠 DEMO 將開始建造，而 DEMO 的預計運作日期因為 ITER 延誤而推遲。根據最初的 ITER 2021 年時間表，DEMO 將在 2040 年代初開始運行，但根據 2017 年的宣布，樂觀估計將是 2054 年。國家的層面也有一些時間表，包括印度和韓國 2037 年開始建造 DEMO，以及俄羅斯和美國希望在 2050 年或之後不久有 DEMO-FNS 投入運作，而如果這種加速發展真的發生，有一個資料來源聲稱到 2060 年時，核融合發電將滿足全球約 1％的能源需求。

這些對 ITER 之後發展的預測，反映了揮之不去的技術不確定性和出資承諾，而典型估計是核融合技術要產生任何實際效益還需要 30～35 年，這與 1950 年代以來一再展望成功還需要三十年是一樣的。過去七十年間，全球至少花了 600 億美元（以 2020 年的幣值計）在受控核融合開發工作上，但它至今可能仍是有史以來最難企及的海市蜃樓──總是需要再三十年才成功。每次我看到有人又提到這種總是遙遠的展望，我就會想起已故麻省理工物理學教授大衛・羅斯（David Rose），他整個職業生涯都致力研究電漿物理學，我在1980年代初認識他，而他曾告訴我，核融合發電商業化可能至少與設法使Q值大於1一樣困難，甚至可能更棘手。

這方面的兩大挑戰是反應器安全殼和燃料組件的問題，以及寄生功率的巨大要求。氘氚核融合產生的中子流會導致固體安全殼膨脹、破裂和脆化，危及其完整性造成毀壞。雖然廢棄物每單位質量的放射性，比核分裂反應器產生的廢棄物低得多，但廢棄物總質量將多很多倍，而且需要永久的廠外處置。與核分裂反應器不同的是，這種材料損壞和廢棄物產生相當大一部分不是生產有用的電力造成的。核融合電廠的寄生功率消耗是用在液氦冷凍機、水泵和真空泵、氚處理、其他電廠需求以及控制磁約束上：一座額定功率300百萬瓦的小型核融合電廠，以40％的效率產生120百萬瓦的電力，幾乎無法滿足電廠的持續用電需求；只有規模大得多的電廠因為寄生功率消耗相對於總額定功率輸出小得多，才符合經濟效益。

而核融合發電商業化要投入多少資源才成功，我們只能猜測。ITER最初估計只需要花50億歐元，但到了2016年，ITER的主管承認該專案已經延誤了十年，並且超出預算至少40億歐元，而後來的報告顯示總金額達到150億歐元。到了2018年，美國能源部提高對ITER的成本估計接近兩倍至650億美元。ITER高層駁斥了美國能源部的估計，但是到了2021年，他們承認出現與

COVID-19有關的進一步延誤和成本超支。即使將學習過程納入考量，示範反應爐（至少三座，預計將在2040年之後建造）的最樂觀估計是每一座成本不少於200億美元。

因此，到了終於開始商業發電時，1950年至2050年的受控核融合累計支出可能約為2,000億美元。如果示範電廠的運作一如期望，這將是一筆不錯的投資：2,000億美元大約相當於希臘一年的國內生產毛額，少於拜登總統在他2021年的基礎建設計畫中用於提高美國研發能力的預算。而且，從最現實的角度來看，這只是美國在長達二十年的阿富汗戰爭中所花資金的十分之一，而這場戰爭的最終結果是美國混亂撤離和塔利班徹底勝利。

我提到的這些延誤、問題或成本，對真正的核融合信徒來說完全不成問題。COVID-19大流行的第二年實際上出現了一些最樂觀的說法。美國能源部一名前科學事務次長2021年9月寫道：「每個人都應該明白，核融合時代即將來臨。核融合淨輸出能量的目標如今是四年後，不再是三十年後。」2021年10月，《紐約客》發表了一篇關於「綠色夢想」的長篇報導，副標題是「無限的潔淨能源是否終於要來了？」。2022年初，以勞倫斯利佛摩國家實驗室一些物理學家為首的一群科學家宣布，他們利用慣性核融合內爆（inertial fusion implosion）在實驗室中產生了短暫的燃燒電漿狀態，期間電漿基本上是自熱的，與之前的所有實驗不同。這是一項重大的進展，使得雷射引發的核融合更接近成為事實，但並不意味著商業應用已經近在眼前。

如果不回到1989年，本章關於受控核融合探索的簡要敘述就會是不完整的。那年稍早，〔在一場記者會上和在一篇發表於《電分析化學期刊》（*Journal of Electroanalytical Chemistry*）的簡短論文中〕出現了與數十年來有關受控熱核能探索取得進展的消息徹底背離的情況。猶他大學兩名物理學家史丹利・龐斯（Stanley Pons）和馬丁・弗萊希曼（Martin Fleischmann）聲稱，他們成功在試管中做到室溫下的氘核融合。鋰鹽溶液的電解導致大量氘原子被吸入鈀電極，結果一些氘核似乎發生了融合，產生了淨能量（超過了電解消耗的能量），以及中子和伽瑪射線發射；這是發生了核融合的明顯跡象，而核融合以前只能在類似恆星的狀態下做到。媒體很快將這種情況稱為冷融合。

我們沒有必要重述隨後出現的媒體狂熱，以及為了複製此一驚人發現而進行的大量實驗工作。但在該年年底前，一個專家小組建議美國能源部不再資助進一步的研究。整個冷融合領域現在被稱為低能量核反應（LENR），而最近（2019年）的多機構評估（因為考慮到之前否定相關研究可能過於倉促）可以用下列結論概括：「我們在此講述我們的努力，而這些努力尚未產生任何支持出現這種效應的證據。」這項評估也承認：「這個尚未充分探索的參數空間，仍有許多有趣的

科學研究可以做」——但現代科學的無數其他課題也是
這樣。不過，在美國國防高等研究計劃署2021年10月
的一場會議上，有人提出了較為樂觀的報告，結論是
「LENR發生了，而且確實涉及核反應」，而且實驗結果
「看來有應用希望」。

　　LENR的擁護者每年發表數十篇新論文，許多倡導
者堅稱LENR並非如菲利浦‧鮑爾（Philip Ball）在科學
期刊《自然》所說，是病態科學的一個例子，而他們最
終將利用一些重水和鈀電極的簡單系統，為人類提供用
之不竭的能源，藉此證明自己是對的。但事實是，在這
種說法出現了三十多年後，令人信服的證據仍未出現。
而即使這種證據出現了，熱融合的教訓提醒我們，在提
出最終商業應用的日期之前，抱持極度懷疑的態度是合
理的。無論是熱融合還是冷融合，我們都還在等待。

第5章

科技樂觀主義、誇大其辭和貼近現實的期望

這本書沒有什麼了不起的目的，只是希望提醒我們幾件事：成功只是我們不斷追求發明創造的其中一種結果；創新即使起初獲得接受，之後也可能會失敗；主宰市場的大膽夢想可能一直無法實現；即使經過多個世代的努力，有時甚至是不斷加強的努力，數十年前就已經出現的商業應用設想距離成為現實仍可能遙遙無期。此外，雖然最近出現了相反的說法，但過去的事實很可能在未來重演。來到最後一章，我將提出一些事實，糾正現在一些暢銷書細述的發明日益加快的願景，並將拆穿這個據稱無與倫比的創新時代的一些誇張說法，它們往往伴隨著關於最新研發進展的許多聲明出現。對所有勤奮於了解現代科技進步的人來說，這種謹慎態度應該是不言而喻的──隨之而來的基本教訓也應該是不言而喻的。

首先，每一項影響深遠的重大進步都有其固有的隱憂，甚至是一些顯然不可取的後果，無論是立即意識到還是很久以後才顯露出來：含鉛汽油的危害就是一開始

就知道的，氫氟氯碳化物的危害則是在投入商業應用數十年後才發現。第二，急於占得商業主導地位，或採用最方便但顯然不是最好的技術，大概不是長期成功的好方法：為了快速啟動核分裂的商業發電應用而採用核動力潛艦的反應器設計，清楚證明了這一點。

第三，在一項發明的開發和商業應用的早期階段，我們無法判斷其最終接受度、社會契合度和商業成就，而即使在產品公開推出後，只要在很大程度上仍處於實驗或試驗階段，我們也無法作出這種判斷——飛船和超音速客機的服務突然中斷清楚說明了這一點。第四，如果問題異常棘手，以致即使努力不懈和資金充裕，也無法保證堅持數十年就能成功，那麼就應該抱持懷疑態度——對受控核融合的追求，是此一教訓的最好例子。

但是，現代社會似乎越來越不願意承認現實和從過去的失敗和警示經驗中學習（哪怕只是稍微吸取教訓），因為在現代社會，許多民眾缺乏科學素養，而且數學往往差得驚人，而他們經常接觸被過度熱情分享的關於潛在科技突破的報導，以及關於新發明的極度誇張說法。最糟糕的是，新聞媒體經常報導一些顯然虛假的承諾，說成是即將發生的根本變革——近年流行的說法是將會「改變」（transform）現代社會的「顛覆性」（disruptive）轉變。不幸的是，將這種狀況描述為生活在後事實（postfactual）社會*並不是很誇張。

不是突破的突破

考慮到有關突破性發明（及其可能的發展速度和隨後對社會的影響）的錯誤資訊已經變得非常普遍，系統性審視這個可疑類別，一定會變得太冗長乏味。因此，我將先指出相關說法的廣度（從殖民其他行星到讀取人的思想，各種不可能的時間表和細節跨越巨大的範圍），然後具體審視三個突出領域的具體實例——藥物開發、航空和人工智慧這三個領域充斥著所謂的「突破」。

2017年，我們被告知，執行第一個火星殖民任務的太空船將於2022年發射升空，隨後很快將展開規模巨大的工作，使火星「地球化」（藉由創造大氣層，使火星變成一個適合人類居住的世界），為人類大規模殖民火星做準備。作為科幻小說，這是一個古老且毫無新意的虛構故事；許多小說家都說過這種故事，沒有人比雷・布萊伯利（Ray Bradbury）在他1950年的《火星紀事》（*The Martian Chronicles*）中說得更有想像力。作為對實際的科學技術進步的預測和描述，這完全是一個童話故事，但大眾媒體多年來一直認真反復報導，彷彿真的會按照那種妄想的時間表發生。

在這個被吹捧的發明類別（從改造其他行星到重新連接個別神經元）的另一端，是機器與人類大腦融合的

＊更容易接受基於情感和信仰的論點，而非基於事實的論點。

一種方式：腦機介面（brain-computer interface, BCI），這是過去二十年一個非常熱門的研究課題。這最終將必須把微型電子裝置直接植入人類大腦，以便針對特定的神經元組產生作用（置於頭部或頭部附近的非侵入性感測器，不可能滿足我們對效力或精確度的要求），而這種做法顯然涉及道德上的許多問題，也可能危害人類的身體。但我們從媒體關於腦機介面的誇張報導中，永遠不會了解到這些問題。

這不是我的印象，而是詳細審視2010年至2017年間關於腦機介面的近四千條新聞得出的結論。結論是明確的：媒體報導不但壓倒性地讚好，還充斥著不切實際的揣測，往往嚴重誇大腦機介面的潛力——「類似聖經奇蹟的東西」；「潛在用途無窮無盡」。此外，四分之一的新聞報導提出了極不可能發生的極端說法——「躺在巴西東海岸的海灘上，控制在火星表面漫遊的機器人」；「數十年內實現永生」，而且沒有提到固有風險和道德問題。

相對於這些改造其他行星的說法和腦機融合的承諾，要相信媒體近年大肆宣傳的許多相對踏實的成就可說是容易得多。在2010年代，道路車輛完全自動化的預測一再出現：2020年，完全自動駕駛的汽車將隨處可見，乘車者通勤期間可以在車內閱讀或睡覺；到了2025年，道路上行駛的所有內燃機汽車都將已經被電動車取代——這項預測在2017年出現，同樣被媒體廣泛報導為幾乎已成事實。現在，來看一下事實：截至2022年，我們還沒有完全自動駕駛的汽車；全球在道路上行駛的14億輛機動車輛，只有不到2％是電動車，但它們不是「綠色」的，因為使用的電力主要來自燃燒化石燃料（2022年，約60％的所有電力來自燃燒煤和天然氣）。

根據那種預測，人工智慧（AI）現在應該已經接手所有醫療診斷工作；畢竟，電腦不但已經打敗了世界上最好的西洋棋手，還打敗了最好的圍棋大師，像IBM超級電腦「華生」（Watson）之類的機器要取代放射科醫師，又會有多難？我們知道答案：2022年1月，IBM宣布出售華生部門和退出醫療照護領域。醫師顯然還是很重要！而醫療電子化的問題甚至影響最簡單的工作，例如：以電子醫療紀錄取代手寫病歷。史丹佛醫學院研究人員2018年的一項調查顯示，74％的受訪醫師表示，使用電子醫療紀錄系統增加了他們的工作量，而更重要的是，69％的醫師表示，使用這種系統占用了他們為病人看診的時間。此外，電子病歷使私人資料變得比較容易落入駭客手上（駭客一再攻擊醫院證明醫院為了重新啟動這些必要的資訊系統，容易屈服於駭客的勒索）；設計不良的介面導致無盡的挫折感；而且為什麼每一名醫師和護士都必須成為出色的打字員呢？最重要的是，醫師看診時多數時間看著電腦螢幕，而不是看著病人講述自己的問題，這種新模式有什麼好值得推崇的？

這份清單還可以大幅延長，例如：加入那種在逼真的3D虛擬空間裡，以一種栩栩如生的化身過另一種生活的幼稚想法，而支持這種妄想最著名的舉動，當然是臉書公司2021年改名為Meta，認為人們更想生活在電子元宇宙（metaverse）裡（如果這個詞是描述這種行為的正確名詞，我找不到合適的形容詞來描述這種推理方式）。另一個明顯的例子是CRISPR技術造就的基因工程驚人力量，這是一種藉由改變DNA序列和修改基因功能來編輯基因的有效新方法。在聳人聽聞的報導中，這種能力與利用基因技術重新設計世界只有很短的距離。畢竟，不是已經有一名中國遺傳學家開始設計嬰兒了嗎（只是被缺乏創新精神的官僚阻止了）？再說一個最近的例子，投資管理公司富蘭克林坦伯頓2022年的廣告問道：「如果種出自己的衣服，一如印出自己的汽車那麼簡單，那將如何？」後者（從未實現）如今顯然被視為一種簡單操作的榜樣。多麼完美的解決方案——就在2022年，即使是大型汽車製造商也難以為生產線取得足夠的材料和微處理器，但需要汽車的人在家裡把車子印出來就可以了！

　　我不會延長這份清單，而是將針對最近突出但截然不同的三個發明類別，每一個各寫幾段話，它們是藥物開發、長程航空，以及人工智慧。醫學研究（以及相關的藥物開發）已經成為那種突破性發現報導的穩定提供者。由於現代科學研究仰賴資助和競爭的性質，可疑的說法始於第一次宣布（通常初步的）研究結果，而這往往是由大學或研究機構發出新聞稿宣布。2014年，《英國醫學期刊》（*British Medical Journal*）發表了一項著眼於近五百篇生物醫學和醫療相關科學新聞稿的研究，結果顯示40％的宣布含有誇大的建議，三分之一含有誇大的因果說法，而基於這些新聞稿的新聞報導近60％也含有這種誇大說法。比這嚴重得多的是，即使是完全沒有事實根據的說法，現在也被當成事實大肆宣傳，而且令人難以置信的是，相關產品還獲得監理機關批准使用，而這些機關的職責恰恰是防止這種事情發生。

百健公司（Biogen）的阿茲海默症藥物Aduhelm（aducanumab）就是最好的例子。2020年11月，美國食品藥物管理局（FDA）的週邊和中樞神經系統藥物諮詢委員會面對這個問題：以百健提交的研究作為Aduhelm可以有效治療阿茲海默症的主要證據是否合理？11名成員沒有人投贊成票，10人投反對票，還有一人表示不確定──但七個月後，FDA批准了該藥，病人使用每年要花56,000美元。許多因素導致前述委員會得出明確的負面共識，包括這種治療方法是基於出現已久但相當可疑的類澱粉蛋白串聯假說（乙型類澱粉胜肽積累和沉積於大腦的額葉皮質和海馬體）。該假說出現於1984年，但最近所有抗類澱粉蛋白療法的臨床試驗，全都以近乎完全失敗告終。

至於美國的藥物開發步伐，近年有所加快，但核准率並未出現迅速加快的趨勢。1950年至1980年間，FDA的年度核准率主要在15至20種新分子之間波動。

該數字在1980年代升至20以上，並在1996年創出53的紀錄，然後在2002年跌至17，隨後回升（同樣有所波動），2018年創出59的新高紀錄。2006年之後的上升趨勢令人欣喜，尤其是因為獲得核准的生物製劑許可申請（BLA）數量創新高——不同於仍居主導地位、由化學家合成的新分子實體（NME），BLA主要是從微生物（細菌、酵母）或動植物的細胞培養物中產生和純化出來的蛋白質，已證實可以有效治療多種疾病，包括類風濕關節炎、斑塊狀乾癬，以至某些癌症。

第一種基因重組藥物、用於治療糖尿病的優泌林（Humulin）1982年獲得核准，而截至2020年，市場上已經有超過170種BLA，屬於三個類別。第一個類別是單株抗體，這是一種分子，用於恢復、增強或模擬免疫系統對外來細胞的攻擊。第一種獲批准的單株抗體用於處理急性移植排斥，但現在最常見的是用於抗癌和抗發炎，而FDA在2020年批准了兩種化合物用於治療COVID-19。另外兩類BLA用於取代或調節酵素（針對缺乏能夠分解脂肪酸或複合醣的酵素的患者）或細胞表面受體的功能（用於治療晚期癌症）。直到2013年，每年獲得批准的BLA在2至6種之間小幅波動，但此後一直略多於10種；這是可喜的增長，但不代表已經出現持續加快增長的趨勢。

許多研究密集型事業經常出現天花亂墜的新聞稿，醫學研究只是其中之一。在向公眾傳播科學進步資訊的工作中誇大其辭，宣稱快將出現實際成果和投入商業應用，如今已成為常態。數十年來我一直密切關注的航空業，為這種趨勢提供了一個特別明確的例子。2017年，波音與捷藍航空（JetBlue）出資支持蜂鳥公司（Zunum Aero），矢言將在2022年前以大量從區域性機場起飛的小型（9～12人座）短程電動飛機「改變美國的航空旅行」。但到了2019年，蜂鳥公司已停止運作。另一方面，新創企業Eviation在2019年6月的巴黎航空展上推出Alice，這是一款9人座全電動通勤飛機，其獨特設計有兩個翼尖推進馬達，而Eviation聲稱它「不是未來的某種可能機款……而是已經可以運作。」

但事實並非如此。Alice並沒有在2020年試飛，而在2021年，那兩個馬達從翼尖移至機身後方。公司聲稱Alice將在2021年底首飛，商業交付定於2024年。再舉一個航空業的例子：2021年11月8日，巴西航空工業公司（Embraer）的副總裁宣布，該公司（顯然不希望被視為在追求零碳的時尚潮流中落後於人）正在研發四款9～50人座飛機的概念。但此事被報導為：「巴西航空工業公司推出一支機隊，由四款新設計的可持續飛機構成」，然而該公司實際做的只是發出四款混合動力螺旋槳飛機的圖片，附上關於電動和氫電推進裝置的含糊描述，預計將在2030年代不知何時投入生產，實在很難說是「在淨零競賽中一股不可忽視的力量」。雖然巴西航空工業公司只是試圖藉由提供一些概念設計來追隨潮流，但新聞報導卻將此事說成是「推出一支機隊」。

不過，根據ZeroAvia和Universal Hydrogen這兩家加州公司的表現，所有這些電動設計都將很難有機會證明自己的價值。ZeroAvia承諾在2023年前，為20人座的飛機提供卓越的氫能推進系統。Universal Hydrogen不但承諾在2022年9月前，推出由綠色氫燃料電池（燃料由「專屬的輕型模組化容器」提供）驅動的40人座飛機，甚至還描繪了跨大陸和跨大西洋航程的飛機。後者的載客量與空中巴士321相同，但機身將加長約9公尺，以容納將占機身尾部約三分之一空間的氫容器。就是這麼簡單：只需要「稍微延長機身」，裝入一堆「輕型」氫容器，就可以從紐約甘迺迪機場飛到巴黎戴高樂機場，那為何數十年前空中巴士或波音公司就沒有人想出如此絕妙的主意呢？答案顯而易見。

儘管如此，也許沒有哪一類現代發明和技術進步，像人工智慧那樣受到如此糟糕和無益的報導。有關人工智慧面臨的挑戰和經歷的失敗，概括得最好的莫過於美國電機電子工程師學會（IEEE）雜誌《IEEE綜覽》（*IEEE Spectrum*）2021年10月出版的人工智慧特刊（主要文章也發表於網路上）。首先，這種技術的能力和目標常被誤解，甚至連參與開發的人也不例外。這並不是我的無知觀點，而是加州大學柏克萊分校的世界頂尖人工智慧研究者麥可·厄文·喬丹（Michael Irwin Jordan）得出的結論，他對機器的能力有重大貢獻，主要是使機

器在低層次形態辨識方面達到人類的能力，但遠未先進
到足以開始在推理、對現實世界的複雜理解和社交互動
方面取代我們的大腦。

　　我們所做的，往往十分有效的，是設法使機器能利
用一些相當基本的分析技術去識別某些形態和路徑──
它們不是我們的感官可以輕易辨別的，但可以由電腦以
人類無法達到的規模和速度去捕捉、記住、回憶和據此
採取行動。正是這種方法，使 IBM 開發的超級電腦「深
藍」（Deep Blue）能在西洋棋上打敗特級大師加里·卡
斯帕洛夫（Garry Kasparov）；也正是這種方法，使一個
用了數十萬張真實 X 光片去訓練的程式，能夠識別乳房
組織的惡性病變。不幸的是，正如喬丹所強調：「在討
論科技趨勢時，人們對人工智慧的意思有混淆，以為電
腦中存在著某種有智慧的思想，促成進步並且正與人類
競爭。事實並非如此，但人們說的像是有這回事。」

　　電腦藉由分析訓練範例學會做某件事，這種過程就
是所謂的「機器學習」，而機器學習使用類神經網路，
這種網路由非常大量、密集互聯的簡單處理節點組成
（模仿人腦）。但這種過程一直很複雜，而且屢遭失敗，
有時甚至是致命的失敗。類神經網路不但容易出錯（它
擅長特定任務，但一般智能嚴重不足，因此很容易對
自己的「判斷」過度自信或不夠自信），而且具有偏見
（現實可能比訓練演算法複雜得多），容易發生災難性遺
忘，不擅長量化不確定性，缺乏常識，以及也許最令人

驚訝的是，並不擅長解決數學問題，哪怕是優秀高中生通常掌握的數學問題。

　　此外，要訓練人工智慧系統達到非常高的準確度，無論是在影像辨識還是物體操作方面，都是非常耗能的，尤其如果要盡可能降低錯誤率的話。以下引述三位專家的精闢評估，他們是領導人工智慧開發而且如實看到相關成就和挑戰的工程師和科學家。米拉魁北克人工智慧研究所（Mila-Quebec AI Institute）的約書亞·班吉歐（Yoshua Bengio）：「我認為人工智慧現在的智能，還遠不如兩歲小孩。」紐約大學的楊立昆（Yann LeCun）：「目前缺少的是一種原理，可以使我們的機器能夠藉由觀察和與世界互動來認識世界的運作方式。」Landing AI公司的吳恩達：「所有人工智慧……都存在概念驗證與生產之間的差距。」

　　結論顯而易見：我們對人工智慧的追求，是一個極其複雜、多方面的過程，進展必須以數十年和多個世代的時間來衡量，而雖然人工智慧在一些相對簡單的任務上取得令人讚嘆的成就，但與此同時仍有廣闊得多的智慧領域，遠遠超出程式化機器的能力。然而，在《AI世代與我們的未來》（The Age of AI）這本書中，三位作者亨利·季辛吉（Henry Kissinger）、艾力克·施密特（Eric Schmidt）與丹尼爾·哈騰洛赫（Daniel Huttenlocher）告訴我們，人工智慧發展的「結果將是一個新時代」，使我們接近一種無法控制的末日情境，因

為自主武器（autonomous weapons）將使衝突變得更難
預測和限制（說得像是我們在預測衝突方面已經很有能
力似的！）。根據這種思路，與人工智慧共存將是一種
苦難，相反的思路則認為人工智慧「極其有用」，將放
大和優化我們的能力，而深度學習的類神經網路將帶給
我們空前的利益，使我們迎來一個豐盛的時代。現代論
述擺盪於文明崩潰與未來無限美好之間，難以駕馭的複
雜性和不確定結果在這當中不受歡迎。

　　說到這裡，我應該更直接談論進步和創新速度的問
題，並提出一些容易驗證的事實來支持我的這項結論：
我們的世界在發明方面，並沒有出現廣泛和快速的指數
型成長。好在這件事並不特別困難，我們有大量資料可
用來比對1960年之後運算能力和速度的進步與現代經
濟所有其他關鍵部門的進步，而結論很明確。固態電子
學的進步及廣泛應用——包括個人電腦、手機、通訊和
地球觀測衛星，以至資料和影像處理設備——出現快速
的指數型成長是一項令人欽佩的事實，但是沒有證據顯
示現代經濟的幾乎所有部門——從食品生產到長途運
輸——也出現了不斷加快的創新。

創新不斷加快的神話

　　創新的速度，以及廣義而言任何成長的速度，經
常有人誤解，因為許多人對一個變量經歷指數型成長
（exponential growth）是怎麼一回事有錯誤的印象。「指

數型成長」並不一定意味著快速成長。線性成長的變
量，每隔一段固定的時間都增加相同的數量；指數型成
長的變量，則是每隔一段固定的時間都以相同的比例增
加，而如果該比例非常低，這個變量將需要很長的時間
才會出現可觀的成長。下列舉一個真實世界的例子，來
說明隨著時間推移的變化。

在二十一世紀的頭二十年裡，非洲人口經歷了相對
快速的指數型成長，平均每年增加約2.5％。因此，非洲
人口從世紀初的8.11億增加至2020年的13.4億，成長了
65％。世界上營養不良的兒童多數在非洲，而牛奶可為
兒童成長提供優質蛋白質，但在二十一世紀的頭二十年
裡，非洲每頭乳牛的平均產奶量每年僅增加0.8％。主要
穀物的產量增加得比較快，但年均增幅1.3％僅為非洲人
口年均成長率的一半左右。非洲在基本物資方面的進步
甚至追不上人口成長，在一個世代的時間裡，世界上人
口成長最快和最貧窮的這個大陸落後於其他大陸的幅度
進一步擴大了！在現實世界中，少數事物經歷了快速的
指數型成長，但人類多數活動和成就的指數型成長率低
得多，請大家務必記住這一點。

沒有什麼比固態電子技術的快速指數型進步，更
影響和扭曲現代人對發明的速度和創新程度的想法了，
而這種技術的進步先是促成了電晶體面世（1940年代
末），然後是積體電路（1960年代初）和微處理器（十
年後），隨後是這種技術在工業生產、運輸、服務、家

居和通訊方面的大規模應用快速發展。越來越多人相信，我們已經脫離了漸進成長的時代，而這種信念始於我們可以將越來越多電晶體放到一塊矽晶圓上——此一過程的規律性被高登・摩爾（Gordon Moore）發現，以他命名的「摩爾定律」起初指一塊晶片上可容納的電晶體數量每十八個月增加一倍，後來調整為每兩年左右增加一倍。因為這種發展，2020年時一塊微晶片上的電晶體數量，比世界上第一款商用微處理器、1971年發布的Intel 4004多七個數量級（1,000萬倍）。

　　這些成果為基於電子資料處理的事業快速崛起奠定了基礎，無論那些事業是支付方案（Paypal）、電子商務（阿里巴巴、亞馬遜），還是社群媒體（臉書、Instagram、推特）。而拜這種技術發展所賜，許多人可能在一生中見識電視螢幕從1950年代對角線僅30公分的黑白螢幕（嵌在笨重的電視機體中），發展到對角線超過200公分、能夠顯示數百萬種顏色的壁掛式薄型螢幕——對角線從30公分變成200公分，使得螢幕面積增加約43倍。另一方面，以前我們使用笨重的固網電話（長途通話費用非常昂貴），現在則使用輕便的掌上型手機（處理能力遠遠超越通話和靜態圖像，可以在搭捷運通勤時隨意看電影），而這種飛躍因為巨大的質性差異，甚至難以有意義地比較。

　　舉一個電子技術崛起的經典例子：1969年8月，也就是第一塊微晶片面世的兩年前，引導登月艙著陸月球

的阿波羅11號太空船電腦每公斤只有62位元組的隨機
存取記憶體（RAM）（該電腦重32公斤，顯然並非便於
攜帶）。而在2022年，我用來寫這本書的一台普通戴爾
筆記型電腦（約2.2公斤，可隨身攜帶），每公斤約有
3.5GB的RAM（1GB為10億位元組），是阿波羅11號電
腦的17.5億倍。這種進步非常驚人，差異大到我把它寫
成175萬倍或1.75兆倍，多數讀者也不會覺得有問題，而
並不令人意外的是，在這麼短的時間內出現如此驚人的
進步使人留下非常深刻的印象，以致我們格外注意這種
發展，並認為它們比我們生活中不變或變化不大的基本
面向重要得多——我們賦予這種發展不成比例的重要性。

　　此外，這些令人欽佩的快速指數型成長，被視為
現實中其他領域將經歷類似成長的先兆或基礎。我們被
告知，在數位化和人工智慧進步的推動下，快速的指數
型成長已經盛行於太陽能電池、電池、電動車以至都市
農業等領域。除了媒體不斷報導令人驚嘆的發明浪潮，
還有書籍探討指數型成長技術和指數型成長組織，探討
指數型成長的一般策略，探討實現指數型成長的七項基
本要素，以及指數型業務成長仰賴的八大支柱，也有
一些內容無所不包的著作，例如《指數型成長時代：
在混亂變革和顛覆力量的時代保持領先的策略》（*The
Exponential Era: Strategies to Stay Ahead of the Curve in an
Era of Chaotic Changes and Disruptive Forces*），以及《指數
型成長時代：加速發展的技術正如何改變商業、政治和

社會》（ *The Exponential Age: How Accelerating Technology is Transforming Business, Politics and Society* ）。

　　此時，我們可能會像飛機乘客那樣，遵循來自駕駛艙、以令人寬心的語調說出的標準勸告：請坐下來好好放鬆。一切都會水到渠成，快速的指數型成長將提供可靠的動力，顛覆和改變舊秩序，加快各種發展，使世界向上提升，為我們帶來一個沒有疾病和痛苦、物質豐盛的新時代。為了闡明這些承諾的含義，我將引述喬爾・莫基爾、尤瓦爾・哈拉瑞（Yuval Harari）、阿齊姆・阿扎爾（Azeem Azhar）和雷・柯茲威爾（Ray Kurzweil）這四個人的話，他們全都認為不斷加快的成長將帶來越來越驚人的理解力、無窮無盡的能力，以及即將到來（近乎沒有成本的）大量世俗財富。

　　在極其樂觀的這四個人中，美國經濟史學家喬爾・莫基爾是觀點最克制的一個。他反對認為不會再有重要發明的「發明終結論」——他認為這種論調「在我們這個時代非常活躍」。但是，任何認真研究歷史或科學的人，都不會認同莫基爾的說法，因為有爭論的並不是發明是否已終結，而是最近和未來發明出現的速度。就此而言，正如本書第 1 章已經指出，莫基爾無疑屬於認為各種發展「越來越快」的那一派。這導致他預測我們將發明一些不會使常見病原體產生抗藥性的新抗生素；我們將能「指導」植物與細菌共生，藉此滿足植物對氮的大部分需求；以及我們將藉由操控「決定誰會發胖的代謝因素」來消除肥胖。他的觀點大膽但仍相當克制，認為人類的發明將能解決一些存在已久的難題，而不是成為普遍的救贖。

相對之下，尤瓦爾・哈拉瑞在其著作《人類大命運：從智人到神人》（*Homo Deus: A Brief History of Tomorrow*）中提出了樂觀得多的設想。他描繪了創新發明永無止境的未來世界，因為掌握了數據主義（dataism），再也沒有什麼是不可知或不可解釋的：「數據主義宣稱宇宙由資料流構成，任何現象或實體的價值都取決於它對資料處理的貢獻」，因此無可避免的是，「我們可以將整個人類視為單一資料處理系統，而人類個體是它的晶片。」果真如此，數據主義將「帶來我們多個世紀以來一直未能得到的科學聖杯：一種統合從音樂學到經濟學以至生物學，統合所有科學學科的凌駕性理論。」針對這種數據主義雜燴，我想不出比大衛・伯林斯基（David Berlinski）更好的反駁，他的結論近乎完美：「數據主義的主要作用是暴露哈拉瑞嚴重的輕信……數據主義不是聖杯……不會統合任何東西……人類並非即將變得像神一樣。哈拉瑞被誤導了。」真的，而且是被嚴重誤導了！

阿齊姆・阿扎爾則是一名企業家、投資人、科技通訊《加速觀點》（*Exponential View*）的創始人，也是《指數型成長：加速發展的科技正如何將我們拋在後頭以及如何應對》（*Exponential: How Accelerating Technology Is Leaving Us Behind and What to Do about It*）這本書的作者。他對機器的崛起甚至更著迷，認為新科技「正以越來越快的速度被發明出來和擴大應用，與此同時相關產品的價格迅速降低。」被他納入這個類別的除了有運算、人工智慧和生物技術，還有再生電力和儲能技術。因此，一個豐饒的世界即將到來：「我們正進入一個豐盛的時代。這是人類歷史上第一次出現能源、食物、運算工具和許多其他東西的生產成本都極其低廉的情況。」這使我想起我在邪惡帝國統治下讀小學時，聽到當時我們的統治者承諾，一旦他們完成共產主義建設，我們將迎來一種類似的人間天堂。

明智的人不會與真正的信徒爭論，無論他們是宗教或意識形態的信徒，還是對科技發展非常樂觀的豐饒論者，但我倒是可以為哈拉瑞和阿扎爾說句話，他們都與最熱心主張創新呈指數型加速的雷·柯茲威爾不同，沒有確切指出那種無所不知、物資豐盛（近乎沒有成本！）的美好未來何時到來，也沒有具體說明實際的創新速度。美國發明家、未來學家、現任Google工程總監柯茲威爾則是對這兩者都很確定，根據他的說法，機器智能將在2045年超越人類智能，屆時兩者將融合而我們將能永生，宇宙殖民將變得相當簡單，因為知識將以光速向四面八方擴展，充滿整個宇宙——這是越來越快的指數型成長以奇異點為終點的必然結果。

但事實並非如此。許多微處理器造就的活動以及向公眾提供此類服務的公司以快速的指數型成長見稱，但是這種成長現在已經進入了顯著放緩的階段。因為利用波長越來越短的光，一塊微晶片可以容納越來越多尺寸縮小的電晶體：一開始使用的電晶體有80微米寬，現在常見的是7奈米寬（僅為最早電晶體寬度的0.0000875），而2021年IBM宣布推出世界上第一款2奈米晶片，最早將於2024年開始生產。因為一個矽原子約有0.2奈米，2奈米只有10個矽原子那麼寬，這個歷時五十年的尺寸縮小過程，顯然已經快將達到物理極限。

從1993年（Pentium）到2013年（AMD 608），單一處理器的最高電晶體數量從310萬增加到1.059億，後者實際上比摩爾定律所預測的更高，每兩年增加一倍應該是增加到9,920萬。但是，這種成長已經放緩了。2008年，Xeon處理器有19億個電晶體，十年後的GC2有236億個，而每兩年增加一倍應該是增加到約600億個。因此，最佳處理器效能的成長速度，已經從1986年至2003年間的年均52％，大幅放緩至2003年至2011年間的年均23％，然後再降至2015年至2018年間的年均不到4％。一如所有的成長，一條S曲線已大致形成，而非常快速的指數型成長期已經成為歷史。

更重要的是，1970年後電子架構和性能的提升雖然備受推崇，但我們生活的幾乎所有其他方面都沒有出現類似的進步：現代文明賴以生存的基本經濟活動，從農作物生產到能源使用效率，從運輸速度到設計和完成大型工程專案的能力，或是健康和生活品質的關鍵決定因素，包括新藥開發速度和壽命的延長，全都沒有出現快速的指數型成長。現實中，這種例子比比皆是。

　　Instagram這個應用程式在推出當天，就吸引了兩萬五千名用戶，短短十個星期就已經擁有一千萬名用戶——這顯然是驚人的指數型成長，但是這種成長也必將是短暫的，除非開始與許多外星文明交流，Instagram吸引到的用戶不可能超過地球人口。此外，Instagram在只有13名員工時，就以超過10億美元的價格賣給了臉書——這究竟是指數型成長令人驚嘆的一個例子，還是現代社會非理性重視特定事物的完美例子？你可以去看看生產牛奶、麵包或番茄的公司的估值；人類沒有源源不斷的食物就無法生存，但如果Instagram或TikTok立即終止，世界上將有數以億計的人根本不會注意到。

　　此外，是Instagram短暫的驚人崛起比較重要，還是與此同時全球營養不良的人口比例在增加比較值得重視？在一個世代的時間裡，全球營養不良的人口比例近乎線性地緩慢下降，2015年降至8.3％的低位，但隨後回升至10％左右。非洲營養不良的人口比例短短三年內升了4個百分點，目前約為20％；撒哈拉以南非洲地區有四分之一的人受飢餓之苦，非洲中部更是有接近三分之一。但是，在下一個世代時，世界人口成長將有超過90％發生在已受飢餓困擾的非洲，而我們知道，孕婦和成長中的兒童營養不良在許多方面影響當事人一生，除了使成年人無法充分發揮工作能力，還損害所有當事人的生活品質。

　　無論我們著眼於目前80億（很快將增至接近100億）人口生存所需要的主要穀物產量增長，還是對現代文明運作不可或缺的各種工藝的表現，我們都看不到出現快速指數型進步的任何跡象。根據摩爾定律，微處理器的性能大約每兩年提升一倍（早期進步得更快），這意味著很高的指數型年成長率（大約35％，早期甚至更高），而五十年的進步成就了七個數量級的成長（也就是超過1,000萬倍）。相對之下，我們在食物、材料和能源產出方面的年增率就低得多，指數型成長率通常僅為每年1％至2％——以前者連續成長五十年，結果也只是增加至初始值的1.65倍；以後者連續成長五十年，結果是增加至初始值的2.7倍。

　　以下是最近值得注意的一些作物產量結果。在二十一世紀的頭二十年裡，亞洲稻米收成年均增加1％，高粱（撒哈拉以南非洲地區的主糧）產量年均僅增加約0.8％，而在2020年，澳洲小麥和歐洲馬鈴薯的平均產量僅高於二十年前1％，這意味著年增率微不足道（不到0.1％）。此外，不幸的是，來自動物的食物產出成長率，也普遍呈現類似的低迷狀態：我在前文已經提過非洲相對快速的人口成長率，以及非洲每頭乳牛平均產奶量低得多的成長率。

　　在最需要進步的許多國家，經濟也只是以類似的低速度成長。自1960年以來，以定值貨幣衡量，撒哈拉以南非洲地區的人均GDP，每年成長不超過0.7％。在巴西，該成長率在上述期間有一半時間低於2％，而在成長異常快速的中國，1991年至2019年間的成長率超過5％。技術進步、生產能力和效率方面的成長速度同樣受限。世界上大部分電力是由大型蒸汽渦輪機產生的，而在過去一百年裡，這種機器的效率每年進步約1.5％。我們不斷提高鋼鐵生產效率，但是在過去七十年裡，生產鋼鐵消耗的能源每年平均降低不到2％。而且正如前文已經指出（撇除失敗的協和超音速飛機），噴射機的平均飛行速度自1958年以來完全沒有提高。

　　過去十年裡，細心的讀者想必看過許多有關電池設計出現驚人突破的新聞報導，但我完全看不到這些可攜式儲能設置的性能過去五十年不斷加速提升的情況。1900年，最好的（鉛酸）電池的能量密度為每公斤25瓦時；到了2022年，大規模商業使用的最佳鋰離子電池（並不是最好的實驗設備）的能量密度是前者的12倍——這種進步相當於每年僅2％的指數型成長。這與許多其他工業技術和設備的性能成長十分相似，但比摩爾定律期望的成長率低一個數量級。此外，即使電池的能量密度是2022年大規模商業使用的電池的10倍，也就是接近每公斤3,000瓦時，所儲存的能量也只是同重量煤油的四分之一左右——這清楚告訴我們，噴射客機在可見的未來，都不可能以電池作為能源。

　　關於指數型變化的一種反向表現——關於太陽能

光伏電池成本大幅下降促成太陽能發電近乎奇蹟般的突破，也已經有許多人寫了大量文章。大家應該去看看那些令人興奮的關於光伏電池價格持續快速下降的報導，看了就會意識到，如果光伏電池的價格是光伏發電實際成本的唯一決定因素，我們很快就會去到1950年代中期核能發電倡導者宣稱的那種境界：太陽能發電因為成本太低，「便宜到不值得用電錶測量用電量。」

但事實上，美國住宅光伏發電系統（通常使用22塊面板）的詳細數據顯示，光伏電池成本目前僅占總投資15％左右，其他成本花在結構和電氣元件（面板必須安裝在屋頂或整理好的地面上的支架上）、換流器（將直流電變為交流電）、勞動成本和其他軟成本上。其他成本（從鋼、鋁、輸電線、牌照、檢查，以至銷售稅）顯然都並非正在降至趨於零，因此安裝光伏發電系統的總成本（以電池板提供的每一瓦直流電計算）下降速度顯然在減慢：2010年至2015年間降低了55％，2015年至2020年間降低了20％。而這些成本還不包括因為間歇性電力來源（太陽能和風能）占總發電量比例不斷上升而產生的額外支出。

為了避免長期缺電或供電中斷，這些發電方式必須以充足和隨時可用的電力儲備作為後盾，又或者必須有可靠的長距離高壓輸電線路，以便仰賴太陽能和風能的地區必要時可以從那些不會因為多雲或長時間無風而缺電的地區輸入電力。整個供電系統的成本並沒有下降，而確保整體電網可靠所需要的長距離高壓輸電線路建設一直落後於計劃需求，在美國和歐洲都是這樣。此外，光伏電池板的實際成本，應該包括其拆卸和處置（最好是回收）成本。而如果再生能源發電的成本一直在大幅下降，為什麼風能和太陽能發電比例最高的三個歐盟國家——丹麥、愛爾蘭和德國——是歐洲電價最高的國家？2021年，歐盟平均電價為每度電0.24歐元，而愛爾蘭電價高於歐盟平均電價25%，丹麥高45%，德國高37%。

　　但許多人無視這一切。這些質疑、提醒和反對意見（涉及基本的物理事實、已知常數、可用速率和容量），現在被許多人視為近乎無關緊要，不過是不斷加速的創新將要克服的一些挑戰。然而，目前沒有任何跡象顯示已經出現這種全面加速；就最基本的人類活動而言，沒有跡象顯示發明的速度正不斷加快。這個無可避免的結論，現在得到了一項研究支持，它詳細研究從1840年到2010年近兩個世紀的美國產業創新情況。研究者是以布萊恩・凱利（Bryan Kelly）為首的四名美國經濟學家，他們利用專利文件做文本分析來編纂新的創新指標，以及辨識代表突破性創新的最重要專利，以便編製反映所有主要產業長期變化的指數。

　　這項研究記錄了創新浪潮的演變，並為稍早提到的關於創造現代世界的最基本創新的發生時間，提供了明確的量化支持。家具、紡織和服飾業、運輸設備、機械製造、金屬製造、木材、造紙、印刷以及建築方面的突破性專利，全都在1900年之前達到頂峰。採礦和採掘業、煤和石油業、礦物加工、電氣設備生產，以及塑膠和橡膠製品業的創新浪潮及其高峰，發生在1950年前。創新高峰出現在1970年後的產業部門，只有農業和食品（創新浪潮以基因改造生物為主）、醫療設備（從磁振造影和電腦斷層掃瞄到機器人手術工具），以及不可不提的電腦和電子產品。

這些無可爭議的研究結果，駁斥了任何有關創新速度不斷加快的說法，並且使我們能從正確的歷史角度看待有關近期發明影響非凡的說法。理解此一現實的最好方法，也許是試著想像一下，如果沒有最新這波創新造就的電腦和電子技術根本突破及其貢獻，世界會是什麼模樣？那是一個沒有微處理器、沒有無處不在的運算能力、沒有任何社群媒體的世界，那就是1970年代初的世界。英特爾的第一塊微晶片是1971年設計的，但它的第一個16位元微處理器8086要到1978年才推出；微軟成立於1975年，但第一台量產的個人電腦IBM PC是1981年才面世。

在沒有這些固態元件和裝置的情況下，1970年代初的世界有高產的小麥和水稻新品種、高效率的燃氣渦輪機（用於發電和為廣體噴射客機提供動力）、大型貨櫃輪船、不斷擴張的巨型城市、電訊和氣象衛星，以及抗生素和疫苗。非常顯而易見的是，高耗能、高生活品質的富裕文明，並不是建基於1971年之後出現的電子

技術；電子技術的發展和普及是受歡迎、有益和有價值
的，但絕不是基礎性的。

　　然後我們反過來，試著想像一下現在這個非常仰
賴電子技術的世界，若沒有大規模的高效發電技術、沒
有高產的主要糧食作物、沒有主要的原動機（發動機、
渦輪機、電動機），也沒有大規模生產各種材料的技
術——包括便宜的鋼材、氮肥、鋁，以及更輕的塑膠。
支撐現代文明的這些基本要素，都不依賴固態電子技術
的普及，甚至完全不需要這種技術的存在。固態電子技
術的普及，使得多數相關工藝變得比較容易管理、監測
和改進，但是它們在二十世紀末固態電子技術出現之前
就已經存在了數十年。

　　歷史修正甚至必須更進一步，因為現代文明的能量
和物質基礎，可以追溯到第一次世界大戰開始前那五十
年，而且光是1880年代那十年的貢獻就多得驚人。那十
年見證了對現代文明不可或缺的許多工藝、轉換器和材
料的發明與專利註冊，以及往往成功的初步商業應用，
總和起來使得這十年的紀錄史無前例，而且很可能是不
可重複的。由於成果非常輝煌，自行車、收銀機、自動
販賣機、打孔卡、加數機、原子筆、旋轉門和止汗劑
（以及可口可樂和《華爾街日報》），可以說只是那十年
的次要發明和創新。

　　最重要的是，那十年具有根本和持久重要性的發明
包括發電、配電和電力轉換系統近乎完整的創建。那十

年出現了世界上第一批燃煤和水力發電廠、蒸汽渦輪機（火力發電的支柱）、變壓器、輸電網（直流電和交流電）和電錶，而使用電力的包括新發明的白熱燈泡、電動機和電梯，以及焊接、城市交通（有軌電車）和第一批廚房電器。我們現在這個充滿微晶片的世界仰賴可靠的電力供應，而截至2020年，火力和水力發電仍占總發電量逾70％，新的再生能源（風能和太陽能）僅貢獻約十分之一。

1880年代的重要事件，還包括三位德國工程師發明了內燃機驅動的汽車，一位蘇格蘭發明家發明了充氣橡膠輪胎，一位美國化學家發明了生產鋁材的方法，一位美國建築師完成了世界上第一座多層鋼骨架摩天大樓。這些發明的持久和根本重要性是不言而喻的。不能不提的還有在1886年至1888年間，海因里希·赫茲（Heinrich Hertz）證明了詹姆斯·克拉克·馬克士威是對的；赫茲產生並傳輸了電磁波，測量了它們的頻率，並將它們正確地置於「有重量物體的聲振盪與以太的光振盪之間」。這就是現代無形的無線通訊世界的起點，而行動電話和社群媒體是我所說的馬克士威創想的第五階衍生物（赫茲是第二階，第一次世界大戰之前最早的廣播是第三階，基於真空管的電子技術普及是第四階，固態電子技術是第五階）。

我們最需要什麼？

歷史的結論是無可爭議的：如果沒有各種發明和隨之而來的創新，現代社會不可能成就其高生活品質，包括前所未有的長壽、富裕、教育程度和高移動能力。發明的累積綜合效應在十九世紀中葉之後達到了新高峰（無論是以發明的數量或發明的變革性衡量都是這樣），並在二十世紀進一步增強——這個世紀出現了範圍異常廣泛的創新，它們使最重要的發明（從抗生素和合成肥料到便宜的鋼鐵和電力）得以惠及世界上多數人口（目前全球有接近80億人）。

我們顯然需要大量的新發明，來解決許多長期無解的問題和應對各種新挑戰。一如任何清單，你可以在網路上尋找參考資料，但你找到的多數會是可悲的點擊誘餌，告訴你一些無聊的東西和不折不扣的科學幻想。例如，有一份清單著眼於尚未實現的概念，提到的東西包括「可食用的果凍可壓扁杯子」和「懸浮雲狀沙發」，但即使是「認真的」清單也充斥著完全不必要的無聊或科幻事物：我們真的需要能夠直接讀取別人的思想、與外星人交流，或者永生嗎？有關永生的吸引力，不熟悉強納森·斯威夫特（Jonathan Swift）作品的讀者，應該看看他在《格列佛遊記》（*Gulliver's Travels*）中對魯格奈格國（Luggnagg）不死的斯特魯布魯格人（Struldbruggs）的描述，想想永生是否真有那麼好。

　　但是，我們難道不能提出不算太多的最可取目標嗎（例如二、三十個）？這種目標必須符合以下兩個首要條件：能夠改善人類有尊嚴地生活所仰賴的基本因素，同時避免對生物圈造成過度影響。在物質方面，這意味著確保人類有充足的食物、水、能源和物資供應，以便可以過健康的生活和享有不錯的預期壽命；在精神、社會和經濟方面，這意味著確保大眾享有教育和就業機會，並提供普及和優質的醫療照護；而這一切都必須在為其他物種的長期生存留下足夠資源的情況下完成，雖然全球的總人口數仍在增加。

　　雖然這可能是選出最可取發明的合理參考框架，但顯而易見的是，由於這種發明發生之後，沒有通用的標準可以用來評估它們的作用，我們不可能為人類對這種突破的需求程度排出明確的次序，甚至無法將它們歸入相似的類別。我們可以使用一些通用標準來衡量健康、壽命和生活品質方面的進步，例如延長的存活年數（LY）或生活品質調整後存活年數（QALY）。QALY這項指標將壽命和生活品質都納入考量，可以用來比較各種結果和作為評估成本效益的通用標準。但是，我們非常渴求的一些突破差別很大，例如治療某些棘手癌症、作物基因工程、電力儲存或鋼鐵生產的突破，我們要如何比較呢？

　　顯然，這些方面的突破都有助於提高生活品質：如果沒有更好的營養、可靠的電力供應，以及許多時候不可替代的鋼鐵產品，我們就不可能提高QALY。但我們沒有通用的標準可以用來評斷它們的相對重要性，或是根據它們不可或缺的程度排出次序──現代社會非常複雜，各種關聯和反饋十分密集，使得我們無法這麼做。只是列出十項或三十項我們最想要的發明、並不根據重要性排出次序，很可能不會比較好。這件事如果交給個人去做，將暴露出無可避免的個人偏好和偏見；如果交給團體去做，則可能無法在既定限制內達成明確的共識。因此，也許我最多只能解釋我們面臨的創造任務的規模，同時重申本書的關鍵論點：微處理器和基於微處理器的設備（從電腦到手機）所呈現的能力指數型成長是一種例外，並不是支配最近發明浪潮的常態。

　　我將以兩個截然不同的例子來說明這些挑戰：一是回顧半個世紀以來為了減少癌症對現代社會的危害，而展開的一項聚焦和獲得充分支持的創造性探索；二是展望緩慢展開的去碳化過程的前景，所謂「去碳化」是從仰賴化石燃料轉為仰賴生產和轉換都不會排放二氧化碳和甲烷的能源（這兩種主要溫室氣體與人為的全球暖化有關）。我絕不是想暗示未來全球二氧化碳排放量減少的速度，將與癌症死亡率降低的速度相似。我只是基於一項本質上複雜的努力資料充足的歷史，指出另一項複雜的努力可能面臨的挑戰（雖然兩者在質與量方面都非常不同），而如果沒有重大的新發明，後者是不可能成功的。

　　如前所述，1971年12月23日，尼克森總統簽署了美國的《國家癌症法》，啟動了政府資助、後來被稱為「抗癌戰爭」的一系列計畫。這是一個不幸的比喻，說得像是一次限時的攻擊將能成功戰勝超過一百種癌症，包括許多僅限於特別性別和年齡的癌症。最初的任務只是「支持研究和研究結果的應用，以降低癌症的發生率、發病率和死亡率。」該法並未設定實現具體目標的時間表，但尼克森將這項努力與在他簽署法案的兩年前成功的登月任務相提並論，也就暗示了最終目標是根除癌症。逾三十年後的2003年，當時掌管美國國家癌症研究所的安德魯・馮・埃申巴赫（Andrew von Eschenbach）呼籲「消除癌症帶來的痛苦和死亡，並在2015年前做到這件事」，而歐巴馬總統也談到「在我們這個時代找到治癒癌症的方法。」

　　最了解這項任務難處的科學家和醫師一直都明白，這主要不是資助新藥開發或設計新治療程序的問題，首先需要的是在關於致癌作用、遺傳性和疾病發展的基本科學認知方面取得重大進展。發現這些基本原理必然是一個漫長的過程，而並不令人意外的是，回顧「抗癌戰爭」的頭二十五年，我們主要是看到一些謹慎樂觀的表述，而不是關於實際勝利的敘述。到了1996年，白血病和淋巴瘤的醫治和治癒已經取得重大進展（兒童急性淋巴球白血病的情況最為可喜），但國家癌症研究所在2000年前將癌症死亡率減半的目標顯然無法達到。事實上，整體癌症死亡率持續上升至1991年，那一年達到每十萬人215例，而晚期轉移性癌症患者的預後，也只是比1970年代初稍微好一些。

整體癌症死亡率自1991年起逐漸降低，1999年降至與1975年持平，然後終於進入穩定下降的時期。1999年至2019年間，美國的年齡調整癌症死亡率降低了27％，從每十萬人約201例降至約156例，其中男性的下降幅度大於女性（31％對25％），但男性患癌仍比女性常見（前者為每十萬人173例，後者為126例）。年齡調整對任何歷史比較都是必要的，因為癌症死亡率隨年齡增長而上升（從30歲出頭者的每十萬人約10例，增至接近60歲者的每十萬人略多於200例），此外也因為富裕國家的人口一直在穩步老化。

對降低死亡率有幫助的最重要的基礎科研進展和新療法始於1970年代發現第一批致癌基因、人類惡性腫瘤中最常見的突變基因，以及治療乳癌的抗雌激素藥物泰莫西芬（Tamoxifen）獲得批准。1984年，研究人員發現了一種與侵襲性較強的乳癌有關的新致癌基因，以及人類乳突病毒與子宮頸癌的關聯。十年後，腫瘤抑制基因被複製來對抗乳癌和卵巢癌，到了1990年代末，FDA批准了用來治療非何杰金氏淋巴瘤和轉移性乳癌的首批單株抗體，前者為利妥昔單抗（rituximab），後者為曲妥珠單抗（trastuzumab）。針對人類乳突病毒的疫苗於2006年和2009年推出，2010年則出現第一種利用患者自身的免疫系統來限制轉移性癌症的人類癌症治療疫苗。

　　2010年後出現了治療晚期黑色素瘤、乳癌和各種實質固態瘤的新單株抗體，以及針對一種白血病的第一種個人化療法——取得患者的特定細胞，對它們進行基因改造，然後將它們重新置入患者體內，藉此刺激免疫系統攻擊癌細胞。這些治療方面的進步，加上更廣泛的篩檢和早期診斷，使得癌症患者五年存活率相對於1970年代中期顯著提高：令人印象最深刻的是非何杰金氏淋巴瘤從47％提高到74％，乳癌從75％提高到91％，黑色素瘤則是從82％提高到94％。但不同癌症之間的差異還是很大：胰臟癌的五年存活率提高了兩倍，但還是只有9％；食道癌存活率提高了逾三倍至21％；而98％的甲狀腺癌患者存活時間超過五年。而雖然吸菸率有所下降，但肺癌仍是主要的癌症（即使在女性中，肺癌發生率也比乳癌高45％左右），其五年存活率從12％顯著提升，但也只是增至20％。

　　「抗癌戰爭」仍在繼續，但是現在換了張標籤。2022年2月，拜登總統重新啟動「癌症登月大計，以終結我們所知的癌症」，但白宮網站上的相關資料提出了比較貼近現實的說明：「拜登政府設定了未來25年降低癌症死亡率至少50％的目標，並將致力改善患者與癌症共存的體驗。」與此同時，美國的藥物過量死亡率大幅上升剛好提醒我們，來之不易的抗癌成果可能因為其他問題而被大致抵銷。2015年，美國因藥物過量死亡的人數約為 48,000，但在截至 2021 年 4 月的十二個月裡，該數字增加超過一倍至 98,000 左右，同期所有癌症導致約 32 萬人死亡，其中包括因肺癌死亡的 14 萬 2,000 人。因為這兩種死亡有顯著的年齡差異（死於藥物過量的人多數未滿 40 歲，死於癌症者多數超過 50 歲），近年濫藥致死人數大增可能完全抵銷了最新癌症療法所延長的患者存活年數。

即使只是如此簡略的回顧，我們也能清楚看到，早年那種相對快速根除癌症的呼籲非常不切實際，而尋求大幅降低癌症死亡率是一個漫長、歷時數十年、跨世代的過程，而且不同身體部位的癌症情況大有差別。此一事實的另一證明是美國國會 2016 年通過了《二十一世紀醫療法》（21st Century Cures Act），目標是加快治療和更快、更有效地為患者提供創新治療技術。而我發現，抗癌戰爭的許多經驗教訓，對某些其他工作很有參考價值，雖然這些工作的性質和目標可能截然不同，但事情的固有複雜性和最終成就的總體規模，卻是同樣令人望而生畏。

下列是最重要的一般教訓：基本的科學和技術認識必須先於具體應用（這可能是最顯而易見的事實，但一再被忽視）；關鍵變量在變好之前可能會先惡化；設定期限明確的目標是不明智的；即使是不超過十年的近期目標也往往無法達成；在基本事實近乎完全不變的同時，將會出現一些令人印象深刻的進步；國家內部和國際差異（出於各種原因）將繼續顯著；最初的成本估計將必須一再提高；新的事態發展可能會抵銷部分成果，破壞來之不易的成就。

所有的這些經驗教訓，都完全適用於評估我們實現相對快速的全球去碳化的機會。首先，為了實現全球去碳化，我們的基礎科學認識必須大大擴展，隨後也需要成就相關的發明浪潮，但是這種需求目前被普遍低估了。去碳化是一項全球規模的探索，涉及以十億噸計的溫室氣體，與分子癌症療法所代表的規模截然相反，但也需要穩定的發明浪潮。正如比爾·蓋茲2021年10月指出：「實現零排放所需要的技術，有一半要麼還未面世，要麼是世界大部分地區負擔不起的。」顯然，要縮窄這些差距，我們將必須付出前所未有的努力，發明能源開採、儲存和利用的新模式，包括生產綠氫（氫氣現在完全是以化石燃料為原料製造出來，主要是利用天然氣，有一小部分是用煤），以及開發出大規模的高能量密度電力儲存技術。

後者的需求尤其迫切，因為正在過渡至無碳電力（以風能、太陽能光伏發電和聚光太陽能熱發電為主）和無碳燃料（氫、氨、由捕獲的二氧化碳製成的合成燃料）的能源轉型，非常需要大規模儲存電力的更好技術。但即使我們開發出能量密度比目前最好的鋰離子電池高一個數量級的電池，其能量密度還是不到目前仍是最重要交通燃料的精煉液體燃料（汽油、煤油、柴油）

的四分之一。此外，新的高能量密度電池也必須達到前所未有的容量，以便儲存足夠的電力，在風能和太陽能發電無法供電時，滿足巨型城市的用電需求（經常受颱風侵襲的亞洲巨型城市，就是這種巨大的電力儲存需求的最好例子）。

全球暖化情況在好轉之前將會惡化是已成定局的事，即使立即停止所有溫室氣體排放（這完全是理論性討論），也無法使對流層平均溫度立即穩定下來和降低。盛大的全球會議（以及國家層面的策略）喜歡為以0或5結尾的年份設定去碳化目標，例如：全球在2030年前減少碳排放45％；美國在2035年前實現零碳發電；全球在2050年前實現淨零碳排放，但這顯然是一種任意的做法，而實現這些目標將需要全球進行非同尋常的技術和經濟轉型。

一些例子可以說明這些目標是多麼一廂情願。2000年，化石燃料滿足了全球87％的初級能源需求，而到了2020年，該比例降至83％，因此是平均一年降低0.2個百分點，但現在我們被告知，應該在2050年前停用化石燃料。但是，三十年內從83％降至零，意味著化石燃料占有率每年必須降低2.75個百分點，而這個速度是我們在二十一世紀頭二十年裡實際做到的速度的近十四倍。我們要去哪裡找來必要的技術能力和資金，以便立即達到這種減用化石燃料的速度，並且持之以恆三十年呢？

根據2021年11月聯合國氣候變遷大會（COP26）宣

布的目標舉幾個例子，就可以清楚說明這些目標達成的可能性極低。最新目標是在2030年前，將全球燃燒化石燃料產生的二氧化碳排放量，在2010年304億噸的基礎上減少50％。這意味著在2022年至2030年的九年間，我們必須減少排放約137億噸，也就是每年平均減少約15億噸（圖5.1）。且讓我們假設所有能源消費部門將平均分擔這些減排任務，而且全球能源需求不會增加（實際上，在COVID-19大流行前的十年裡，全球能源需求每年平均增加2％）。

2019年，全球以（來自冶金煤的）焦炭為燃料的高

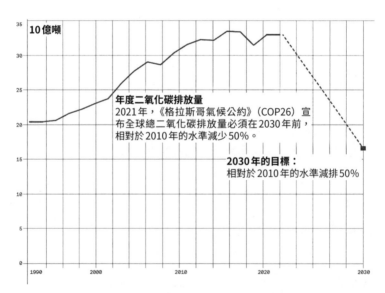

圖5.1 截至2030年的全球去碳化目標。資料來源：Vaclav Smil, "Decarbonization Algebra," *Spectrum* February 2022；數據來自國際能源署和《聯合國氣候變遷綱要公約》。

爐生產了 12.8 億噸生鐵。這些生鐵被送進轉爐中,生產出全球約 72% 的鋼鐵(餘者主要來自熔化廢金屬的電弧爐)。截至 2022 年,全世界沒有一家商業煉鋼廠以氫氣作為還原劑。此外,現在幾乎所有的氫氣都是利用天然氣生產出來的,而零碳鐵需要一種尚未面世的技術:利用再生能源進行大規模的水電解。將現在的碳依賴度降低 40%,意味著到 2030 年時,我們將必須利用綠氫替代焦炭來冶煉超過 5 億噸鐵,這比現在中國以外全球所有高爐的年產量還要多。做到這件事的機會有多大呢?

2021 年,全球道路上行駛的機動車輛約有 14 億輛(約 12 億輛為轎車、SUV、貨卡和箱型車,2 億輛為巴士和卡車),其中電動車不到 1,700 萬輛(僅占約 1.2%),99% 的車輛以汽油或柴油為燃料。即使全球道路上的機動車輛不增加,2030 年前 40% 的車輛去碳化,意味著我們必須在九年內生產約 5.7 億輛新的電動車(或以氫或氨為燃料的汽車);這相當於每年生產約 6,300 萬輛,超過 2019 年的全球汽車總產量,而且生產那些燃料使用的電力,必須全都是零碳電力。做到這件事的機會有多大呢?

無可避免的是,這些目標將無法達成(全球經濟史無前例地崩潰,可能是達成這些目標的唯一途徑),而再生能源發展機會充裕的一些小國(挪威、冰島、丹麥、芬蘭),邁向徹底去碳化目標的速度將比全球平均水準快得多(現在已是這樣),但人口眾多、收入仍低的許多大型經濟體(印度、巴基斯坦、印尼、奈及利亞）的去碳化速度將會慢得多。至於成本，我們現在還只是處於一場長期轉型的起點（在 2020 年，新的非碳能源僅滿足了全球總需求不到 7％），而雖然我們可以指望某些再生能源的成本大幅降低（有些已是這樣），但目前沒人能為在全球建設全新的基礎設施（例如為了取代數十億噸的原油和天然氣，生產、運輸和儲存綠氫所需要的基礎設施）提供良好的成本估算。

追求去碳化也提供了一些絕佳例子，告訴我們去碳化成果某程度上會被抵銷——不僅是被同時發生的其他事情部分抵銷，還會被發展非碳能源這件事部分抵銷，而風力發電是其中最明顯的例子。建造大型風力渦輪機需要大量的鋼筋混凝土支撐地基，塔架和機艙需要許多鋼材、大型葉片需要塑料，而確保馬達平穩運行需要潤滑油；渦輪機組件必須以大型卡車、輪船或拖船運到陸上或海上站點，而海上站點通常要靠直升機支援運作。所有這些組件及相關運輸都高度仰賴化石碳，無論是作為燃料（用於製造鋼鐵、水泥和塑料，以及為車和船提供動力）、原料（用於合成塑料），還是潤滑劑——而如果風力發電將取代現在燃煤發電的一大部分，對這些化石碳投入的需求將迅速大增。

只有當所有這些生產和運輸過程（從生產鋼鐵和水泥到卡車運輸以至潤滑）都靠非碳能源支持，包括不使用焦炭冶煉鐵（改為仰賴氫氣），從生物質（而不是碳氫化合物）取得原料，以及僅使用電動或氫燃料運輸工具及合成潤滑劑，這種對化石碳的依賴才能消除。我們不需要深入了解這當中涉及的工程問題，也能知道這種完全無碳的結果，將需要數十年的逐步發展。此外，此一現實意味著我們越快採用非碳能源生產工藝，就越需要仰賴基於化石碳的生產和運輸方法，而這些方法將無法迅速被非碳工藝取代，即使後者隨時可用（多數情況下並非如此）。

全球航空業為這些不存在的替代方案，提供了另一個絕佳例子。根據《格拉斯哥氣候公約》（Glasgow Climate Pact），全球二氧化碳排放量必須在2030年前相對於2010年的水準減少45％。這意味著全球排放量必須相對於2021年減少約40％（排放量在2020年因為COVID-19大流行而降低，但之後已經幾乎回升至2019年的水準）。但是，我們要如何在短短九年內，將現在完全依賴煤油的商業航空的排放量減少五分之二呢？我們目前最好的商用電池能量密度約為每公斤300瓦時，而航空煤油的能量密度則超過每公斤12,000瓦時。

這是超過四十倍的差異。商用電池的能量密度，如果可以在2030年前達到煤油的一半或三分之一，無疑已是一個奇蹟。此外，目前世界上服役中的商用飛機，連一架氫燃料飛機都沒有，而在高空儲存高能量密度的氫燃料（冷卻至攝氏零下253度的液態氫）是出了名的困難，因此即使到了2040年，我們也極有可能不會有氫燃料客機機隊——但要在2030年前減碳40％，我們將需要在2030年前有大約1萬架非煤油（電動或使用氫燃料）飛機投入服務（目前全球機隊約有2萬5,000架飛機），以便每年以零碳方式提供約18億乘客人次的服務。顯然，即使是史無前例的發明爆發也無法幫助我們達成這個目標。

然而，我們也可以改變對當前事態的看法，藉此確定優先要務，然後再審視我們最需要哪些發明。例如，我們可能會認為當前要務是致力大幅減少既有的不平等，至少是縮窄醫療、教育和所得方面的差距，尤其是富裕經濟體的10億人與窮國勉強維生的逾30億人之間至為顯著的差距，後者常受多病和過早死亡之苦，預期壽命因此顯著較短。在這種情況下，滿足水、食物、能源和物資的基本需求，將是首要任務。

我們需要更便宜、更不占空間（和模組化）、更有效的水處理技術，以實現近乎完全的回收利用，此外也需要更多的海水淡化。農業方面，針對目前近十億營養不良人口所在的主要國家，我們必須提高它們的主要糧食作物產量，而降低營養不良人口總數也需要比較公平地分配既有糧食和供應微量營養素——這種營養素不足影響了許多弱勢群體，但補救成本其實非常低。一如營養不良的情況，世界上仍有近10億人沒有電力可用，而超過30億人（占全球人口40％）的人均年能源消耗量低於25兆焦耳，與現在富裕的歐洲和北美國家在十九世紀中葉的水準相若！我們顯然必須改善這些極不可取的情況。

　　所有這些工作無疑都可以受惠於新發明，但即使沒有新發明，我們也可以在正確方向上有效且相對快速地取得進展。滿足全球人口的水和糧食需求，並不依賴任何驚人的新發明（因為所有的關鍵技術都已經相當先進，而且在某些地區已經可靠地運作了數十年），而是有賴堅定的創新來普及既有技術造就的好處和降低成本。電氣化和提高初級能源平均用量也是這樣。而我們不難想到，這份理想的基本清單可以納入處理抗生素抗藥性問題和改善教育。

　　許多發明可能很有用，但我們知道過去出現了濫用新技術的問題，也知道我們應該怎麼做。為了限制抗生素抗藥性細菌的擴散，我們必須以審慎的態度處方抗生素〔避免過度使用抗生素（這在富裕國家已成常態），禁止在沒有處方的情況下出售抗生素（這在許多低收入國家很常見，而且現在普遍發生在網路上）〕，同時禁止對家畜大規模預防性使用抗生素（現在用於家畜的抗生素比人類多一個數量級）。至於為普及教育奠定良好基礎，我們知道，即使不是每一個孩子都有電腦可用，即使不花費極多的金錢，這件事也是可以做到的。比較國際性測驗的結果可以看到，美國學生的閱讀、數學和科學成績全都不如波蘭學生，雖然美國花在每一名小學學生教育上的支出是波蘭的2.5倍，高中教育上的支出更是波蘭的3倍。

　　我們非常清楚如何糾正所有這些不可取或有損人格的現實情況，而且這完全不需要任何傑出的新發明，只需要堅定地普及已知且可靠的方法、技能和程序。大致而言，改進我們已知的技術並且普及應用，有望比過度追求新發明（並且希望它帶來奇蹟般的突破）更快帶給更多人更多好處。針對顯然有人會想到的批評，我必須指出，我這麼說並不是反對我們堅定地追求新發明，只是呼籲在追求令人驚嘆的未來成果（可能成功但無法確定）與盡可能應用我們確實掌握但遠未普及應用的知識和技術之間取得更好的平衡。

　　也許這一切都取決於個人偏好，而且我總是強烈地認為，應該優先處理最重要的事。而這意味著解決傷害數億兒童的微量營養素缺乏問題，應該排在開發超音速運輸工具之前——這只是兩個比較值得注意的例子。與此同時，我一直是個現實主義者和懷疑論者，清楚知道用於發明和創新的資源，從來都不是根據這種理性比較需求的結果來分配的，而我提出的優先要務可能會被指責為不合時宜、不夠有雄心或抱負。此外，由於許多原因，支持追求哪怕是沒有把握的發明，也可能比繼續致力減輕人類的痛苦來得容易。

　　無論如何，我們都不會停止發明新的材料、產品、工藝和流程，而這意味著我們將必須繼續應對各種失敗，包括因為困難前所未見和經驗不足而無法避免的設計失敗，以及因為人類的偏好、優先事項、偏見和對某

些追求的非理性執迷而一再發生的重大失敗。就此而
言，與發明的步伐不斷加快的錯誤說法相反的是：太陽
底下沒有新鮮事。

延伸閱讀

第1章 發明與創新：悠久歷史與現代迷戀

演化與歷史

American Society of Mechanical Engineers. 2022 "Owens AR Bottle Machine." Engineering History Landmarks no. 86. New York: ASME.

Librado, P., et al. 2021. "The Origins and Spread of Domestic Horses from the Western Eurasian Steppes." *Nature* 598:634–640.

Shea, J. J. 2016. *Stone Tools in Human Evolution: Behavioral Differences among Technological Primates*. Cambridge: Cambridge University Press.

Smil, V. 2018. *Energy and Civilization: A History*. Cambridge, MA: MIT Press.

Smil, V. 2014. *Making the Modern World: Materials and Dematerialization*. Chichester: Wiley.

發明與創新

Akana, J., et al. 2012. Portable display device. US Patent USD670,286S1, filed November 23, 2010, and issued November 6, 2012.

Brooks, D. E. 2013. Diane's manna. US Patent US8,609,158B2, filed June 20, 2012, and issued December 17, 2013.

Brown, A. E., and H. A. Jeffcott. 1932. *Beware of Imitations*. New York: Viking Press.

Carayannis, E. G. 2013. *Encyclopedia of Creativity, Invention, Innovation and Entrepreneurship*. Berlin: Springer.

Chan, C. L. 2015. "Fallen Behind: Science, Technology, and Soviet Statism." *Intersect: The Stanford Journal of Science, Technology, and Society* 8, no. 3.

Electronic Frontier Foundation. 2022. "Stupid Patent of the Month." Electronic Frontier Foundation. https://www.eff.org.

Hannas, W. C., and D. K. Tatlow., eds. 2021. *China's Quest for Foreign Technology: Beyond Espionage*. London: Routledge.

Perry, R. 1973. *Comparison of Soviet and US Technology*. Santa Monica, CA: Rand Corporation.

Sykes, A. O. 2021. "The Law and Economics of 'Forced' Technology Transfer and Its Implications for Trade and Investment Policy (and the U.S.-China Trade War)." *Journal of Legal Analysis* 13:127–171. https://doi.org/10.1093/jla/laaa007.

Tenner, E. 1997. *Why Things Bite Back: Technology and the Revenge of Unintended Consequences*. New York: Vintage.

越來越快？

Cannon, K. M., and D. T. Britt. 2019. "Feeding One Million People on Mars." *New Space* 7, no. 4 (December): 245–254.

Kurzweil, R. 2006. *The Singularity Is Near*. New York: Penguin.

Mokyr, J. 2014. "The Next Age of Invention: Technology's

Future Is Brighter Than Pessimists Allow." *City Journal* 24 (Winter): 12–21. https://www.city-journal.org/html/next-age-invention-13618.html.

SpaceX. 2022. "Mars & Beyond: The Road to Making Humanity Multiplanetary." SpaceX.com. https://www.spacex.com/human-spaceflight/mars/.

US Patent and Trademark Office. 2021. U.S. Patent Activity Calendar Years 1790 to the Present (database). https://www.uspto.gov/web/offices/ac/ido/oeip/taf/h_counts.htm.

失敗的設計

Cooper, G., and B. Sinclair. 1990. "Failed Innovations— ICOHTEC Symposium, Hamburg, August 1989." *Technology and Culture* 31:496–499.

Herring, S. D. 1989. *From the Titanic to the Challenger: An Annotated Bibliography on Technological Failures of the Twentieth Century.* New York: Garland Press.

Petroski, H. 1985. *To Engineer Is Human: The Role of Failure in Successful Design.* New York: St. Martin's Press.

Petroski, H. 2001. "The Success of Failure." *Technology and Culture* 42:321–328.

Schiffer, M. B. 2019. *Spectacular Flops: Game-Changing Technologies That Failed.* Clinton Corners, NY: Eliot Werner Publications.

Tracy, P. 2022. "Apple's 12 Most Embarrassing Product Failures." https://gizmodo.com/apple-failures-newton-pippin-butterfly-keyboard-macinto-1849106570.

現實世界

Centers for Disease Control and Prevention. 2020. "Road Traffic

Injuries and Deaths—A Global Problem." CDC, National Center for Injury Prevention and Control (last reviewed December 14).

McNish, J., and S. Silcoff. 2015. *Losing the Signal: The Untold Story behind the Extraordinary Rise and Spectacular Fall of BlackBerry*. New York: Flatiron Books.

Newall, P. 2018. *Ocean Liners: An Illustrated History*. Barnsley: Seaforth Publishing.

Smil, V. 2016. *Still the Iron Age: Iron and Steel in the Modern World*. Oxford: Elsevier.

第2章 起初受歡迎但最終遭厭棄的發明

含鉛汽油

引擎爆震

Lounici, M. S., et al. 2017. "Knock Characterization and Development of a New Knock Indicator for Dual-Fuel Engines." *Energy* 141, 2351e2361.

Zhen, X., et al. 2012. "The Engine Knock Analysis—An Overview." *Applied Energy* 92:628–636.

辛烷值

Anderson, J. E., et al. 2012. "Octane Numbers of Ethanol-Gasoline Blends: Measurements and Novel Estimation Method from Molar Composition." SAE Technical Paper 2012-01-1274. doi: 10.4271/2012-01-1274.

Stolark, J. 2016. "Fact Sheet: A Brief History of Octane in Gasoline: From Lead to Ethanol." White Paper. Washington, DC: Environmental and Energy Study

Institute.

含鉛汽油的歷史

Boyd, T. A. 2002. *Charles F. Kettering: A Biography*. Fairless Hills, PA: Beard Books.

Hagner, C. 1999. *Historical Review of European Gasoline Lead Content Regulations and Their Impact on German Industrial Markets*. Geesthacht: GKSS-Forschungszentrum Geesthacht GmbH.

Landrigan, P. J. 2002. "The Worldwide Problem of Lead in Petrol." *Bulletin of the World Health Organization* 80:768.

Midgley, T. IV. 2001. *From the Periodic Table to Production: The Life of Thomas Midgley, Jr., the Inventor of Ethyl Gasoline and Freon Refrigerants*. Corona, CA: Stargazer Publishing.

Nriagu, J. O. 1990. "Rise and Fall of Leaded Gasoline." *The Science of the Total Environment* 92:13–28.

Robert, J. C. 1983. *Ethyl—A History of the Corporation and the People Who Made It*. Charlottesville: University of Virginia Press.

1920年代有關含鉛汽油的爭議

Denworth, L. 2009. *Toxic Truth: A Scientist, a Doctor, and the Battle over Lead*. Boston: Beacon Press.

Kovarik, W. 2003. "Ethyl: The 1920s Conflict over Leaded Gasoline and Alternative Fuels." Personal website of Prof. Kovarik. billkovarik.com.

Kovarik, W. 2005. "Milestones: Leaded Gasoline." *International Journal of Occupational and Environmental Health* 11:384–397.

Rosner, D., and G. Markowitz. 1985. "A 'Gift of God'? The

Public Health Controversy over Leaded Gasoline during the 1920s." *American Journal of Public Health* 75:344–352.

Sicherman, B. 1984. *Alice Hamilton: A Life in Letters*. Cambridge, MA: Harvard University Press.

逐步淘汰含鉛汽油

Newell, R. G., and K. Rogers. 2003. "The U.S. Experience with the Phasedown of Lead in Gasoline." Discussion Paper. Washington, DC: Resources for the Future. https://web.mit.edu/ckolstad/www/Newell.pdf.

Nielsen, C. 2021. *Unleaded: How Changing Our Gasoline Changed Everything*. New Brunswick, NJ: Rutgers University Press.

US EPA (Environmental Protection Agency). 1985. *Costs and Benefits of Reducing Lead in Gasoline: Final Regulatory Impact Analysis*. Washington, DC: Office of Policy Analysis.

鉛中毒

Lewis, J. 1985. "Lead Poisoning: A Historical Perspective." *EPA Journal* 11, no. 4 (May): 15–18.

Needleman, H. L. 1999. "History of Lead Poisoning in the World." Tucson, AZ: Center for Biological Diversity.

Riva, M. A., et al. 2012. "Lead Poisoning." *Safety and Health at Work* 3:11–16.

鉛神經毒性如何影響兒童

Aizer, A., et al. 2016. "Do Low Levels of Blood Lead Reduce Children's Future Test Scores?" NBER Working Paper 2258. Cambridge, MA: National Bureau of Economic Research.

Bellinger, D. C., 2011. "The Protean Toxicities of Lead: New Chapters in a Familiar Story." *International Journal of Environmental Research and Public Health* 8:2593–2628.

Canfield, R. L., et al. 2004. "Impaired Neuropsychological Functioning in Lead-Exposed Children." *Developmental Neuropsychology* 26:513–540.

Markowitz, G., and D. Rosner. 2014. *Lead Wars: The Politics of Science and the Fate of America's Children*. Berkeley: University of California Press.

Mason, L. H., et al. 2014. "Pb Neurotoxicity: Neuropsychological Effects of Lead Toxicity." *Biomedical Research International,* article ID 840547.

Nwobi, N. L., et al. 2019. "Positive and Inverse Correlation of Blood Lead Level with Erythrocyte Acetylcholinesterase and Intelligence Quotient in Children: Implications for Neurotoxicity." *Interdisciplinary Toxicology* 12:136–142.

滴滴涕

滴滴涕之發現、特性和益處

IPCS INCHEM. 1999. *DDT.* Poisons Information Monograph 127. https://inchem.org/documents/pims/chemical/pim127.htm.

Müller, P. H. 1948. "Dichloro-Diphenyl-Trichloroethane and Newer Insecticides." Nobel Lecture, December 11, 1948. https://www.nobelprize.org/uploads/2018/06/muller-lecture.pdf.

Müller, P. H. 1961. "Zwanzig Jahre wissenschaftliche-synthetische Bearbeitung des Gebietes der synthetischen Insektizide." *Naturwissenschaftliche Rundschau* 14:209–219.

National Academy of Sciences, Committee on Research in the Life Sciences. 1970. *The Life Sciences.* Washington, DC: National Academy of Sciences.

《寂靜的春天》

Carson, R. 1962. *Silent Spring.* Boston: Houghton and Mifflin.

Culver, L., et al., eds. 2012. *Rachel Carson's Silent Spring Encounters and Legacies.* Munich: Rachel Carson Center.

Dunlap, T. R., ed. 2008. *DDT, Silent Spring, and the Rise of Environmentalism.* Seattle: University of Washington Press.

Jameson, C. M. 2013. *Silent Spring Revisited.* London: A&C Black.

Kroll, G. 2001. "The 'Silent Springs' of Rachel Carson: Mass Media and the Origins of Modern Environmentalism." *Public Understanding of Science* 10:403–420.

美國的滴滴涕禁令

Ruckelshaus, W. 1972. "Consolidated DDT Hearing: Opinion and Order of the Administrator." *Federal Register* 37:13369–13376.

Secretary of State. 2016. "Bill Ruckelshaus: The Conscience of 'Mr. Clean.'" Legacy Washington.

Sweeney, E. M. 1972. "Hearing Examiner's Recommended Findings, Conclusions, and Orders." *Federal Register,* April 25, 40 CFR 164.32.

Whitney, C. 2012. "The Silent Decade: Why It Took Ten Years to Ban DDT in the United States." *Virginia Tech Undergraduate Historical Review* 1. http://doi.org/10.21061/vtuhr.v1i0.5.

鳥蛋殼變薄的問題

Barker, R. J. 1958. "Notes on Some Ecological Effects of DDT Sprayed on Elms." *Journal of Wildlife Management* 22:269–274.

Falk, K., et al. 2018. "Raptors Are Still Affected by Environmental Pollutants: Greenlandic Peregrines Will Not Have Normal Eggshell Thickness until 2034." *Ornis Hungarica* 26:171–176.

Peakall, D. B. 1993. "DDE-Induced Eggshell Thinning: An Environmental Detective Story." *Environmental Review* 1:13–20.

Ratcliffe, D. A. 1958. "Broken Eggs in Peregrine Eyries." *British Birds* 51:23–26.

Ratcliffe, D. A. 1967. "Decrease in Eggshell Weight in Certain Birds of Prey." *Nature* 215:208–210.

滴滴涕與瘧疾

Bouwman, H., et al. 2011. "DDT and Malaria Prevention: Addressing the Paradox." *Environmental Health Perspectives* 119:744–747.

Buxton, P. A. 1945. "The Use of the New Insecticide DDT in Relation to the Problems of Tropical Medicine." *Transactions of the Royal Society of Tropical Medicine and Hygiene* 38:367–400. https://doi.org/10.1016/0035-9203(45)90039-3.

Dagen, M. 2020. "History of Malaria and Its Treatment." In G. L. Patrick, ed., *Anti-malarial Agents*, Amsterdam: Elsevier, 1–48.

Palmer, M. 2016. "The Ban of DDT Did Not Cause Millions to Die from Malaria." https://www.semanticscholar.org/

paper/The-ban-of-DDT-did-not-cause-millions-to-die-from-Palmer/0e6812f87d27be92effac4fe8bfd414bc 8f82476.

Pruett, B. D. 2013. "Dichlorophenyltrichloroethane (DDT): A Weapon Missing from the U.S. Department of Defense's Vector Control Arsenal." *Military Medicine* 178:243–245.

UN Environment Program. 2001. *Stockholm Convention on Persistent Organic Pollutants.* New York: UNEP.

UN Environment Program. 2010. *Ridding the World of POPs: A Guide to the Stockholm Convention on Persistent Organic Pollutants.* Geneva: Stockholm Convention Secretariat, UNEP. http://chm.pops.int/Portals/0/Repository/CHM-general/UNEP-POPS-CHM-GUID-RIDDING.English. PDF.

World Health Organization. 2011. *The Use of DDT in Malaria Vector Control.* Geneva: WHO.

World Health Organization. 2020. *World Malaria Report 2020: 20 Years of Global Progress and Challenges.* Geneva: WHO.

滴滴涕與人類健康

Eskenazi, B., et al. 2009. "The Pine River Statement: Human Health Consequences of DDT Use." *Environmental Health Perspectives* 117:1359–1367.

Larsen, N. 2021. "Thomas Midgley, the Most Harmful Inventor in History." Podcast. https://www.bbvaopenmind.com/en/science/research/thomas-midgley-harmful-inventor-history.

Rogan, W. J. and A. Chen. 2005. "Health Risks and Benefits of Bi(4-Chlorophenyl)- 1,1,1-Trichloroethane (DDT)." *Lancet* 366:763–773.

US Department of Health and Human Services. 2019. "Toxicological Profile for DDT, DDE, and DDD." Washington, DC: USDHHS.

氟氯碳化物

氟氯碳化物

Calm. J. M. 2008. "The Next Generation of Refrigerants: Historical Review, Considerations, and Outlook." *International Journal of Refrigeration* 31:1123–1133.

Giunta, C. J. 2006. "Thomas Midgley, Jr., and the Invention of Chlorofluorocarbon Refrigerants: It Ain't Necessarily So." *Bulletin for the History of Chemistry* 31:66–74.

McLinden, M. O., and M. L. Huber. 2020. "(R)Evolution of Refrigerants." *Journal of Chemical & Engineering Data* 65:4176–4193.

Midgley, T. Jr. 1937. "From the Periodic Table to Production." *Industrial and Engineering Chemistry* 29:241–244.

Midgley, T. Jr., and A. L. Henne. 1930. "Organic Fluorides as Refrigerants." *Industrial and Engineering Chemistry* 22:542–545.

Midgley, T. Jr., A. L. Henne, and R. R. McNary. 1931. Heat transfer. US Patent 1,833,847, issued November 24, 1931.

Midgley, T. IV. 2001. *From the Periodic Table to Production: The Life of Thomas Midgley, Jr., the Inventor of Ethyl Gasoline and Freon Refrigerants.* Corona, CA: Stargazer Publishing.

Rigby, M., et al. 2013. "Re-evaluation of the Lifetimes of the Major CFCs and CH3CCl3 Using Atmospheric Trends." *Atmospheric Chemistry and Physics* 13:2691–2702.

Sicard, A. J., and R. T. Baker. 2020. "Fluorocarbon Refrigerants and Their Syntheses: Past to Present." *Chemical Reviews* 120:9164–9303.

氟氯碳化物與臭氧

Cagin, S., and P. Dray. 1993. *Between Earth and Sky: How CFCs Changed Our World and Endangered the Ozone Layer.* New York: Pantheon.

Dotto, L., and H. Schiff. 1978. *The Ozone War.* Garden City, NY: Doubleday & Co.

Douglass, A. R., et al. 2014. "The Antarctic Ozone Hole: An Update." *Physics Today* 67, no. 7 (July): 42. doi: 10.1063/PT.3.2449.

Farman, J. C., et al. 1985. "Large losses of Total Ozone in Antarctica Reveal Seasonal ClOx/NOx Interaction." *Nature* 315:207–210.

Lovelock, J. E. 1971. "Atmospheric Fluorine Compounds as Indicators of Air Movements." *Nature* 230:379.

Molina, M. J. 1995. "Polar Ozone Depletion." Nobel Lecture, December 8, 1995. https://www.nobelprize.org/uploads/2018/06/molina-lecture.pdf.

Molina, M. J., and F. S. Rowland. 1974. "Stratospheric Sink for Chlorofluoromethanes: Chlorine Atom Catalyzed Destruction of Ozone." *Nature* 249:810–812.

NASA. 2019. "Ozone Hole Is the Smallest on Record Since Its Discovery." NASA, October 21. https://www.nasa.gov/feature/goddard/2019/2019-ozone-hole-is-the-smallest-on-record-since-its-discovery.

NASA. 2020. "Large, Deep Antarctic Ozone Hole in 2020." NASA Earth Observatory, September 20. https://earthobservatory.nasa.gov/images/147465/large-deepantarctic-ozone-hole-in-2020.

Newman, P.A., et al. 2009. "What Would Have Happened to the Ozone Layer If Chlorofluorocarbons (CFCs) Had Not Been Regulated?" *Atmospheric Chemistry and Physics* 9:2113–2128.

Roan, S. 1989. *Ozone Crisis: The 15-year Evolution of a Sudden Global Emergency*. New York: John Wiley & Sons.

Rowland, F. S. 1995. Nobel Lecture in Chemistry. December 8. https://www.nobelprize.org/uploads/2018/06/rowland-lecture.pdf.

Solomon, S. 1999. "Stratospheric Ozone Depletion: Review of Concepts and History." *Review of Geophysics* 37:375–316.

Stolarski, R. S., and R. J. Cicerone. 1974. "Stratospheric Chlorine: A Possible Sink for Ozone." *Canadian Journal of Chemistry* 52:1610–1615.

Tevini, M., ed. 1993. *UV-B Radiation and Ozone Depletion: Effects on Humans, Animals, Plants, Microorganisms, and Materials*. Boca Raton, FL: Lewis Publishers.

氟氯碳化物禁令與冷凍劑替代

Maxwell, J., and F. Briscoe. 1997. "There's Money in the Air: The CGC Ban and DuPont's Regulatory Strategy." *Business Strategy and the Environment* 6:276–286.

Reimann, C. R. 2018. "Observing the Atmospheric Evolution of Ozone-Depleting Substances." *Geoscience* 350:384–392.

United Nations Environment Program. 2020. *Montreal Protocol on Substances That Deplete the Ozone Layer*. Nairobi: UNEP.

第3章 以為勢將主宰市場但未如預期的發明

飛船

歷史

Dwiggins, D. 1980. *The Complete Book of Airships—Dirigibles, Blimps and Hot Air Balloons*. Shrewsbury: Airlife.

Folkes, J. 2008. "Balloons, Airships and Kites—Lighter Than Air: Past, Present and Future." *Aeronautical Journal* 112:421–429.

Liao, L., and I. Pasternak. 2009. "A Review of Airship Structural Research and Development." *Progress in Aerospace* 45:83–96.

MacMechen, T. R., and C. Dienstbach. 1912. "The Greyhounds of the Air." *Everybody's Magazine* 27:290–304.

Robinson, D. H. 1973. *Giants in the Sky: History of the Rigid Airship*. Henley-on-Thames: Foulis.

Swinfield, J. 2012. *Airship: Design, Development and Disaster*. London: Conway.

Toland, J. 1972. *The Great Dirigibles: Their Triumphs and Disasters*. Mineola, NY: Dover Publishers, 1972.

飛船的軍事應用

Dienstbach, C., and T. R. MacMechen. 1909. "The Aerial Battleship." *McClure's Magazine* 33:422–434.

Jamison, L., et al. 2005. *High-Altitude Airships for the Future Force Army*. Santa Monica, CA: Rand Corporation.

Robinson, D. W. 1976. *USAF History of Manned Balloons and Airships*. Maxwell Air Force Base, AL: USAF.

Robinson, D. W. 1997. *The Zeppelin in Combat: A History of the German Naval Airship Division, 1912–1918*. Seattle: University of Washington Press.

齊柏林飛船

Archbold, R., and K. Marschall. 1994. *Hindenburg: An Illustrated History*. New York: Warner Books.

Botting, D. 2001 *Dr. Eckener's Dream Machine: The Great Zeppelin and the Dawn of Air Travel*. New York: Henry Holt and Co.

Brooks, P. 2004. *Zeppelin: Rigid Airships 1893–1940*. London: Putnam Aeronautical Books.

Clausberg, K. 1979. *Zeppelin: Die Geschichte eines unwahrscheinlichen Erfolges*. München: Schirmer/Mosel.

de Syon, G. 2001. *Zeppelin! Germany and the Airship, 1900–1939*. Baltimore, MD: Johns Hopkins University Press.

Dick, H. G., and D. H. Robinson. 1985 *The Golden Age of the Great Passenger Airships Graf Zeppelin & Hindenburg*. Washington, DC: Smithsonian Institution Press.

DiLisi, G. A. 2017. "The Hindenburg Disaster: Combining Physics and History in the Laboratory." *Physics Teacher* 55:268.

Eckener, H. 1929. Rigid airship with separate gas cells. US Patent 1,724,009, issued August 13, 1929.

Eckener, H. 1958. *My Zeppelins*. London: Putnam and Co.

Lehmann, E. 1937. *Zeppelin: The Story of Lighter-Than-Air Craft*. London: Longmans, Green and Co.

Majoor, M. 2000. *Inside the Hindenburg*. Boston: Little, Brown and Co.

Sattelmacher, A. 2021. "Shuffled Zeppelin Clips: The Flight and Crash of LZ 129 Hindenburg in the Archives." *Isis* 112:352–360.

Zeppelin, F. 1899. Navigable balloon. US Patent 1,621,195, filed December 29, 1897, and issued March 14, 1899.

展望未來

Ling, J. 2020. "The Age of the Airship May Be Dawning Again." *Foreign Policy,* February 29.

Miller, S., et al. 2014. *Airships: A New Horizon for Science.* Pasadena, CA: Keck Institute for Space Studies. www.kiss. caltech.edu/study/airship/.

Prentice, B. E., et al. 2021. "Transport Airships for Scheduled Supply and Emergency Response in the Arctic." *Sustainability* 13:5301.

Windischbauer, F., and J. Richardson. 2005. "Is There Another Chance for Lighter-Than-Air Vehicles?" *Foresight* 7:54–65.

Villamizar, H. 2022. "Air Nostrum Orders a Fleet of Airlander Airships." *Airways Magazine,* June 17, 2022. https:// airwaysmag.com/air-nostrum-airlander-airships.

核分裂發電

通往核分裂之路

Hahn, O., and F. Strassman. 1939. "Über den Nachweis und das Verhalten der bei der Bestrahlung des Urans mittles Neutronen entstehenden Erdalkalimetalle." *Naturwissenschaften* 27:11–15.

Lanouette, W. 1992. *Genius in Shadows: A Biography of Leo Szilard.* New York: Charles Scribner's Sons.

Meitner, L., and O. R. Frisch. 1939. "Disintegration of Uranium by Neutrons: A New Type of Nuclear Reaction." *Nature* 143:239–240.

核發電歷史

Eisenhower, D. D. 1953. Atoms for Peace Speech to the 470th Plenary Meeting of the United Nations General Assembly. https://www.iaea.org/about/history/atoms-for-peace-speech.

Beck, P. W. 1999. "Nuclear Energy in the Twenty-First Century: Examination of a Contentious Subject." *Annual Review of Energy* 24:113–138.

Lovering, J. R., et al. 2016. "Historical Construction Costs of Global Nuclear Power Reactors." *Energy Policy* 91:371–382.

Marcus, G. 2010. *Nuclear Firsts: Milestone on the Road to Nuclear Power Development*. La Grange Park, IL: American Nuclear Society.

Murray, R. L. 2009. *Nuclear Energy*. Oxford: Elsevier.

美國的核發電

Cantelon, P. L. 1984. *The American Atom: A Documentary History of Nuclear Policies from the Discovery of Fission to the Present, 1939–1984*. Philadelphia: University of Philadelphia Press.

Cowan, R. 1990. "Nuclear Power Reactors: A Study in Technological Lock-in." *Journal of Economic History* 50:541–567.

Forsberg, C. W., and A. M. Weinberg. 1990. "Advanced Reactors, Passive Safety, and Acceptance of Nuclear Energy." *Annual Review of Energy* 15:133–152.

Holl, J. M., et al. 1985. *United States Civilian Nuclear Power Policy, 1954–1984: A History.* Washington, DC: US Department of Energy.

Kaplan, S. 2008. *Power Plants: Characteristics and Costs.* Washington, DC: Congressional Research Service.

Lowen, R. S. 1987. "Entering the Atomic Power Race: Science, Industry, and Government." *Political Science Quarterly* 102:459–479.

Nuclear Regulatory Commission. 2011. *Reactor Designs, Safety, Emergency Preparedness, Security, Renewals, New Designs, Licensing, American Plants, Decommissioning.* Washington, DC: NRC.

Parker, L., and M. Holt. 2007. *Nuclear Power: Outlook for New U.S. Reactors.* Washington, DC: Congressional Research Service.

Pope, D. 1991. "Seduced and Abandoned? Utilities and WPPSS Nuclear Plants 4 and 5." *Columbia Magazine*, Fall 1991.

Rockwell, T. 1992. *The Rickover Effect: How One Man Made a Difference.* Annapolis, MD: Naval Institute Press.

核電風險與事故

Chapin, D. M., et al. 2002. "Nuclear Power Plants and Their Fuel as Terrorist Target." *Science* 297:1997–1999.

Mahaffey, J. 2019. *Atomic Accidents: A History of Nuclear Meltdowns and Disasters: From the Ozark Mountains to Fukushima.* Oakland, CA: Pegasus Books.

Nuclear Energy Agency. 2002. *Chernobyl: Assessment of Radiological and Health Impacts.* Paris: NEA.

Weinberg, Alvin M. 1972. "Social Institutions and Nuclear

Energy." *Science* 177: 27–34.

快中子滋生反應爐

Cochran, T. B., et al. 2010. *Fast Breeder Reactor Programs: History and Status.* Princeton, NJ: International Panel on Fissile Materials.

International Atomic Energy Agency. 2012. *Status of Fast Reactor Research and Technology Development.* Vienna: IAEA. https://www-pub.iaea.org/MTCD/Publications/PDF/te_1691_web.pdf.

Judd, A. M. 1981. *Fast Breeder Reactors: An Engineering Introduction.* Oxford: Pergamon.

Sokolski, H. 2019. "The Rise and Demise of the Clinch River Breeder Reactor." *Bulletin of the Atomic Scientists*, February 6. https://thebulletin.org/2019/02/the-rise-and-demise-of-the-clinch-river-breeder-reactor/.

小型模組化反應器

IAEA. 2021. Small nuclear power reactors.

Oklo. 2021. "What Could You Do with a MW-Decade of Emission-Free Power?," https://oklo.com.

Rolls Royce. 2021. "Small Modular Reactors—Rolls-Royce." https://www.rolls-royce.com/innovation/small-modular-reactors.aspx.

TerraPower. 2021. The Natrium Reactor: From Research to Reality. https://www.terrapower.com/natrium-reactor-reality-2021.

World Nuclear Association. "Small Nuclear Power Reactors." http://world-nuclear.org.

超音速飛行

歷史

Bisplinghoff, R. L. 1964. "The Supersonic Transport." *Scientific American* 210, no. 6: 25–35.

Culick, F. E. C. 1979. "The Origins of the First Powered, Man-Carrying Airplane." *Scientific American* 241, no. 1: 86–100.

International Civil Aviation Organization. 1960. *Annual Report of the Council to the Assembly for 1959*. Montreal: ICAO. https://www.icao.int/assembly-archive/Session13E/A.13. REP.1.P.EN.pdf.

一般考慮因素

Carioscia, S. A., et al. 2019. *Challenges to Supersonic Flight*. Alexandria, VA: Institute for Defense Analyses.

Edwards, G. 1974. "The Technical Aspects of Supersonic Civil Transport Aircraft." *Philosophical Transactions of the Royal Society of London. Series A, Mathematical and Physical Sciences* 275:529–565.

Nowlan, F. S., and K. W. Comstock. 1965. "The Assessment of Supersonic Transport Operating Costs." *SAE Transactions* 73:685–697.

Tang, R. Y., et al. 2018. *Supersonic Passenger Flights*. Washington, DC: Congressional Research Service.

協和超音速飛機

Bureau d'Enquêtes et d'Analyses pour le Sécurité de l'Aviation Civil. 2002. *Accident on 25 July 2000 at La Patte d'Oie in Gonesse (95) to the Concorde Registered F-BTSC Operated by Air France*. Paris: BEA.

Butcher, L. 2010. *Aviation: Concorde.* London: Library House of Commons.

Buttler, T., and J. Carbonel. 2018. *Building Concorde: From Drawing Board to Mach 2.* Forest Lake, MN: Specialty Press.

Glancy, J. 2016. *Concorde: The Rise and Fall of the Supersonic Airliner.* Boston: Atlantic Books.

Johnman, L., and F. M. B. Lynch. 2002. "The Road to Concorde: Franco-British Relations and the Supersonic Project." *Contemporary European History* 11:229–252.

Smith, R. K. 2019. "The Supersonic Airliner Fiasco: Frenzied International Aeronautical Saga of Communicable Obsessions, 1956–1976." *Air Power History,* Fall, 5–20.

Trubshaw, B. 2019. *Concorde: The Complete Inside Story.* Cheltenham: History Press.

美國的超音速飛行計畫

Bedwell, D. 2012. "Supersonic Gamble." *Aviation History Magazine,* May. https://www.historynet.com/supersonic-gamble.htm.

Office of Technology Assessment. 1980. *Impact of Advanced Air Transport Technology.* Washington, DC: OTA.

近年動態

Boom Supersonic. 2022. "Boom—Supersonic Passenger Airplanes." https://boomsupersonic.com/.

Lockheed Martin. 2022. "X-59." https://www.lockheedmartin.com/en-us/products/quesst.html.

Schneider, D. 2021. "The Recent Supersonic Boom. *Spectrum IEEE,* August.

Spike Aerospace. 2022. "The Spike S-512 Supersonic Jet: Fly Supersonic. Do More." https://www.spikeaerospace.com/.

第4章 我們一直在等待的發明

（近乎）真空管道運輸／超迴路

喬治・梅德赫斯特

London Mechanics' Register 1825. London and Edinburgh Vacuum Tunnel Company. 1825. *London Mechanics' Register* 1:205-207.

Medhurst, G. 1812. *Calculations and Remarks, Tending to Prove the Practicality, Effects and Advantages of a Plan for the Rapid Conveyance of Goods and Passengers Upon an Iron Road Through a Tube of 30 Feet in Area, by the Power and Velocity of Air.* London: D. N. Shury.

Medhurst, G. 1827. *A New System of Inland Conveyance, for Goods and Passengers, Capable of Being Applied and Extended Throughout the Country; and of Conveying All Kinds of Goods, Cattle, and Passengers, with the Velocity of Sixty Miles in an Hour, at an Expense That Will Not Exceed the One-Fourth Part of the Present Mode of Travelling, Without the Aid of Horses or Any Animal Power.* London: T. Brettell.

伊桑巴德・布魯內爾

Buchanan, R. A. 1992. "The Atmospheric Railway of I. K. Brunel." *Social Studies of Science* 22:231–243.

羅伯・戈達德

Goddard, R. H. 1914. "Bachelet's Frictionless Railway at Basis a

Tech Idea." *Worcester Polytechnic Institute Journal* 1914:12–21.

Goddard, R. H. 1950. Vacuum tube transportation system. US Patent 2,511,979A, filed May 21, 1945, issued June 30,1950.

Scientific American. 1909. "The Limit of Rapid Transit." *Scientific American* 101, no. 1: 366.

埃米爾‧巴徹特勒

Bachelet, É. 1912. Levitating transmitting apparatus. US Patent 1,020,942, issued March 19, 1912.

鮑里斯‧彼得羅維奇‧溫伯格

Weinberg, B. 1917. "Traveling at 500 Miles Per Hour in the Future Electric Railway." *Electrical Experimenter* 1917:794.

Weinberg, B. 1919. "Traveling at 500 Miles an Hour." *Popular Science Monthly* 1919:705.

羅伯‧巴拉德‧戴維

Davy, R. B. 1920. Vacuum-railway. US Patent 1,336,782, issued April 13, 2020.

羅伯‧索爾特

Salter, R. M. 1972. *The Very High Speed Transit System.* Santa Monica, CA: Rand Corporation.

Salter, R. M. 1978. *Trans-Planetary Subway Systems—A Burgeoning Capability.* Santa Monica, CA: Rand Corporation.

超迴路

Armagana, K. 2020. "The Fifth Mode of Transportation:

Hyperloop." *Journal of Innovative Transportation* 1, no. 1: 1105.

Hyperloop TT. 2022. "The Future Is Now Boarding." Hyperloop Transportation Technologies. https://www.hyperlooptt.com.

Klühspies, J. et al. 2022. *Hyperloop? Ergebnisse einer internationalen Umfrage im Verkehrswesen.* Munich: The International Maglev Board.

Musk, E. 2013. "Hyperloop Alpha." https://www.tesla.com/sites/default/files/blog_images/hyperloop-alpha.pdf.

Nøland, K. 2021. "Prospects and Challenges of the Hyperloop Transportation System: A Systematic Technology Review." *IEEE Access* 9:28439–28458. https://ieeexplore.ieee.org/stamp/stamp.jsp?arnumber=9350309.

Virgin Hyperloop. 2021. "Virgin Hyperloop." https://virginhyperloop.com.

固氮穀物

固氮菌的歷史

Beijerinck, M. W. 1888. Die Bakterien der Papilionaceen-Knölchen. *Botanische Zeitschrift* 46:725–804.

Boddey, R. M., and J. Döbereiner. 1995. "Nitrogen Fixation Associated with Grasses and Cereals: Recent Progress and Perspectives for the Future." *Fertilizer Research* 42:241–250.

Borlaug, N. 1970. "Nobel Prize Acceptance Speech." December 10. https://www.nobelprize.org/prizes/peace/1970/borlaug/acceptance-speech/.

Burrill, T. J., and R. Hansen. 1917. "Is Symbiosis Possible

between Legume Bacteria and Non-Legume Plants?"
Agricultural Experimental Station Bulletin 202:115–181.

Döbereiner, J. 1988. "Isolation and Identification of Root
Associated Diazotrophs." *Plant and Soil* 110:207–212.

Hellriegel, H., and H. Wilfarth. 1888. "Untersuchungen über die
Stickstoffernährung der Gramineen und Leguminosen."
*Beiläge der Zeitschrift des Vereins für die Rüben-
zuckerindustrie.* Berlin: Kayssler.

Löhnis, F. 1921. "Nodule Bacteria of Leguminous Plants."
Journal of Agricultural Research 20:543–556.

Smil, V. 2001. *Enriching the Earth: Fritz Haber, Carl Bosch and
the Transformation of World Food Production.* Cambridge,
MA: MIT Press.

穀物固氮研究

Beatty, P. H., and A. G. Good. 2011. "Future Prospects for
Cereals That Fix Nitrogen." *Science* 333:416–417.

Bloch, S. E. et al. 2020. "Harnessing Atmospheric Nitrogen for
Cereal Crop Production." *Current Opinion in Biotechnology*
62:181–188.

Crookes, W. 1898. "Address of the President before the British
Association for the Advancement of Science, Bristol, 1898."
Science 8:561–575.

Huisman, R., and R. Geurts. 2020. "A Roadmap toward
Engineered Nitrogen Fixing Nodule Symbiosis."
Plant Communications. https://doi.org/10.1016/
j.xplc.2019.100019

Pankiewicz, V. C. S., et al. 2019. "Are We There Yet? The Long
Walk towards the Development of Efficient Symbiotic
Associations between Nitrogen-Fixing Bacteria and Non-

Leguminous Crops." *BMC Biology* 17:99.

Rosenblueth, M., et al. 2018. "Nitrogen Fixation in Cereals." *Frontiers in Microbiology* 9:1794. doi: 10.3389/fmicb.2018.0179.

Sharma, P., et al. 2016. "Biological Nitrogen Fixation in Cereals: An Overview." *Journal of Wheat Research* 8, no. 2: 1–11.

Yang, J., et al. 2018. "Polyprotein Strategy for Stoichiometric Assembly of Nitrogen Fixation Components for Synthetic Biology." *Proceedings of the National Academy of Sciences* 115, no. 36: E8509-E8517.

近年動態

Azotic Technologies. 2018. "Azotic's Natural Nitrogen Fixing Technology Is Now Commercially Available in the USA." https://www.azotictechnologies.com/news-and-insight/latest-news/heading-5/#:~:text=After%20positive%20field%20trial%20results,results%20and%20feedback%20from%20growers.

Azotic Technologies. 2021. "Envita Technologies." https://www.azotic-na.com/science-behind-envita.

Schwartz, J., et al. 2020. *Practical Farm Research 2020*. https://www.beckshybrids.com/portals/0/sitecontent/literature/2020-2021-literature/Becks-2020-PFRBook.pdf.

Schwartz, J., et al. 2021, *Practical Farm Research 2021*. https://www.beckshybrids.com/portals/0/sitecontent/literature/2021-2022-literature/PFR-Book-2021-web.pdf.

US Food and Drug Administration. 2021. *GMO Crops, Animal Food, and Beyond*. Washington, DC: US FDA.

Witt, M., et al. 2020. *On-Farm Corn Nitrogen Enhancer Foliar Treatment Demonstration Trials*. Ames: Iowa State

University.

受控核融合

太陽

Bethe, H. A. 1967. "Energy Production in Stars." Nobel Lecture, December 11. https://www.nobelprize.org/uploads/2018/06/bethe-lecture.pdf.

核融合物理學

Glasstone, S. 1974. *Controlled Nuclear Fusion*. Washington, DC: US Atomic Energy Commission.

Kikuchi, M., et al., eds. 2012. *Fusion Physics*. Vienna: International Atomic Energy Agency.

核融合研究歷史

Chou, C. B., et al. 2016. *Fusion Energy via Magnetic Confinement: An Energy Technology Distillate*. Princeton, NJ: Andlinger Center for Energy and the Environment.

Coppi, B. 2016. "Relevance of Advanced Nuclear Fusion Research: Breakthroughs and Obstructions." *American Institute of Physics Conference Proceedings* 1721, no. 1, 020003. https://doi.org/10.1063/1.4944012.

Dean, S. O. 2013. *Search for the Ultimate Energy Source: A History of the U.S. Fusion Energy Program*. New York: Springer.

El-Guebaly, L. 2010. "Fifty Years of Magnetic Fusion Research (1958–2008): Brief Historical Overview and Discussion of Future Trends." *Energies* 3:1067–1086.

Lopes Cardozo, N. J., et al. 2016. "Fusion: Expensive and Taking Forever?" *Journal of Fusion Energy* 35:94–101

Shafranov, V. D. 2001. "On the History of the Research into Controlled Thermo-nuclear Fusion." *Uspekhi Fizicheskikh Nauk* 44:835–865.

托卡馬克

Zohm, H. 2019. "On the Size of Tokamak Fusion Power Plants." *Philosophical Transactions of the Royal Society A* 377: 20170437. http://dx.doi.org/10.1098/rsta.2017.043.

國際熱核融合實驗反應爐（ITER）

ITER. 2021. "What Is ITER?" https://www.iter.org/proj/inafewlines.

慣性核融合

Nuckolls, J., et al. 1972. "Laser Compression of Matter to Super-High Densities: Thermonuclear (CTR) Applications." *Nature* 239:139–142.

Zylstra, A. B., et al. 2022. "Burning Plasma Achieved in Inertial Fusion." *Nature* 601:542–548.

冷融合（低能量核反應）

Ball, P. 2019. "Lessons from Cold Fusion: 30 Years On." *Nature* 569:601.

Berlinguette, C. P., et al. 2019. "Revisiting the Cold Case of Cold Fusion." *Nature* 570:45–51.

Nagel, D. J. 2021. "Experimental Status of LENR." PowerPoint presentation. Washington, DC: US Department of Energy.

展望未來

Ball, P. 2021. "The Race to Fusion Energy." *Nature* 599:562–566.

Dabbar, P. 2021. "Fusion Breakthrough Dawns a New Era for US Energy and Industry. *The Hill*, September 10. https://thehill.com/opinion/technology/571722-fusion -breakthrough-dawns-a-new-era-for-us-energy-and-industry/.

Enter, S., et al. 2018. "Approximation of the Economy of Fusion Energy." *Energy* 152:489–497.

European Fusion Development Agreement. 2012. *Fusion Electricity: A Roadmap to the Realisation of Fusion Energy.* Culham: EFDA.

Galchen, R. "Green Dream." *New Yorker,* October 11, 22–28.

Hirsch, R. L. 2015. "Fusion Research: Time to Set a New Path." *Issues in Science and Technology* Summer 2015:35–42.

International Atomic Energy Agency. 2021. "Fusion Energy." *IAEA Bulletin,* May.

Jassby, D. 2017. "Fusion Reactors: Not What They're Cracked Up to Be." *Bulletin of the Atomic Scientists,* April 19.

Young, C. 2021. "We Are Now One Step Closer to Limitless Energy from Nuclear Fusion." *Interesting Engineering* September 9, 2021.

第5章 科技樂觀主義、誇大其辭和貼近現實的 期望

不是突破的突破

Gandy, S. 2021. "6 Ways the FDA's Approval of Aduhelm Does More Harm Than Good." *STAT,* June 15. https://www. statnews.com/2021/06/15/6-ways-fda-approval-aduhelm- does-more-harm-than-good/.

Hall, B. H. 2020. "Patents, Innovation, and Development." NBER Working Paper 27203. Cambridge, MA: National Bureau of Economic Research.

McDonald, L. 2017. "What Is Tony Seba Smoking? *EVAdoption News,* May 20. https://evadoption.com/what-is-tony-seba-smoking-evadoption-news-may-20-2017/.

Norris, M. 2020. "Brain-Computer Interfaces Are Coming. Will We Be Ready?" *The RAND blog.* Santa Monica, CA: Rand Corporation, August 27.

Pham, C., and F. Gilbert. 2021. "Predicting the Future of Brain-Computer Interface Technologies: The Risky Business of Irresponsible Speculation in News Media." *Bioethics Forum* 12:15–28.

RethinkX. 2017. *Transportation Report.* https://www.rethinkx.com/transportation.

Rosario, C. 2019. "4 Problems with Electronic Health Records." Advanced Data Systems Corporation, October 16. https://www.adsc.com/blog/problems-with-electronic-health-records.

SpaceX. 2017. "Mars & Beyond." https://www.spacex.com/human-spaceflight/mars/.

Sumner, P., et al. 2014. "The Association between Exaggeration in Health-Related Science News and Academic Press Releases: Retrospective Observational Study." *British Medical Journal* 2014:349. doi: 10.1136/bmj.g7015.

成長不斷加快？

Azhar, A. 2021. *The Exponential Age: How Accelerating Technology Is Transforming Business, Politics, and Society.* New York: Diversion Books.

Berlinski, D. 2018. "Godzooks." *Inference* 3, no. 4. https://inference-review.com/article/godzooks.

Harari, Y. 2017. *Homo Deus: A Brief History of Tomorrow*. New York: Harper.

Kurzweil, R. 2005. *The Singularity Is Near*. New York: Penguin.

Kurzweil, R. 2021. "Kurzweil: Tracking the Acceleration of Intelligence." http://www.kurzweilai.net/.

Mokyr, J. 2014. "The Next Age of Invention: Technology's Future Is Brighter Than Pessimists Allow." *City Journal* 24 (Winter): 12–21. https://www.city-journal.org/html/next-age-invention-13618.html.

Mokyr, J. 2017. *A Culture of Growth: The Origins of the Modern Economy*. Princeton, NJ: Princeton University Press.

藥物

Kinch, M. S. 2015. "An Overview of FDA-Approved Biologics Medicines." *Drug Discovery Today* 20:393–398.

Kinch, M. S., et al. 2013. "An Overview of FDA-Approved New Molecular Entities: 1827–2013." *Drug Discovery Today* 19:1033–1039.

Ricciarelli, R., and E. Fedele. 2017. "The Amyloid Cascade Hypothesis in Alzheimer's Disease: It's Time to Change Our Mind." *Current Neuropharmacology* 15:926–935.

US Food and Drug Administration. 2022. Drug Approvals and Databases.

航空

Ahlgren, L. 2021. "Embraer Launches a Fleet of 4 New Sustainable Aircraft Designs." Simple Flying, November 8. https://simpleflying.com/embraer-sustainable-aircraftdesigns/.

Bailey, J. 2019. "Who Is Alice? An Introduction to the Bizarre Eviation Electric Aircraft." Simple Flying, June 26. https://simpleflying.com/eviation-alice-electric-aircraft.

Eviation. 2022. "Sustainable, Economical Aviation." http://eviation.com.

Universal Hydrogen. 2021. "Fueling Carbon-Free Flight." https://hydrogen.aero/.

Zunum Aero. 2019. "Bringing You Electric Air Travel Out to a Thousand Miles." https://zunum.aero/.

人工智慧

Anderson, J., et al. 2018. *Artificial Intelligence and the Future of Humans*. Washington, DC: Pew Research Center.

Choi, C. Q. 2021. "7 Revealing Ways AIs Fail." *IEEE Spectrum* September 2021:42–47.

Jordan, M. I. 2021. "Stop Calling Everything 'Artificial Intelligence.'" Mind Matters: News, April 7, 2021. https://mindmatters.ai/2021/04/ai-researcher-stop-calling-everything-artificial-intelligence/#:~:text=Jordan%20(pictured)%20adds%2C,talking%20as%20if%20we%20do.%E2%80%9D

Kissinger, H., et al. 2021. *The Age of AI*. Boston: Little, Brown and Co.

Pretz, K. 2021. "Stop Calling Everything AI, Machine-Learning Pioneer Says." *IEEE Spectrum,* September, 58–59.

Roitblat, H. L. 2020. *Algorithms Are Not Enough: Creating General Artificial Intelligence*. Cambridge, MA: MIT Press.

Strickland, E. 2021. "The Turbulent Past and Uncertain Future of AI." *IEEE Spectrum,* October, 27–31.

Thompson, N. C., et al. 2021. "Deep Learning's Diminishing Returns." *IEEE Spectrum,* October, 51–55.

摩爾定律

Hall, E. C. 1996. *Journey to the Moon: The History of the Apollo Guidance Computer.* Washington, DC: American Institute of Aeronautics and Astronautics.

Hennessy, J. 2019. The End of Moore's Law & Faster General Purpose Computing, and a Road Forward. Faculty paper, Stanford University, March. https://opennetworking.org/wp-content/uploads/2020/12/9_2.05pm_John_Hennessey.pdf.

Moore, G. E. 1965. "Cramming More Components onto Integrated Circuits." *Electronics* 38, no. 8: 114–117.

Moore, G. E. 1975. "Progress in Digital Integrated Electronics." *Technical Digest, IEEE International Electron Devices Meeting,* 11–13.

Moore, G. E. 2003. "No Exponential Is Forever: But 'Forever' Can Be Delayed!" Paper presented at IEEE International Solid-State Circuits Conference, San Francisco. http://ieeexplore.ieee.org/document/1234194/.

Rupp, K., and S. Selberherr. 2011. "The Economic Limit to Moore's Law." *IEEE Transactions on Semiconductor Manufacturing* 24, no. 1: 1–4.

Smil, V. 2015. "Moore's Curse." *IEEE Spectrum,* April, 26.

現代世界中的成長

Cunningham. C. 2020. "TV Screen Sizes over Time." VAVA, February 10. http://blog.vava.com/the-evolution-of-tvscreen-sizes-past-and-future-the-largest-4k-tv/.

European Commission. 2021. "Electricity Price Statistics." Eurostat. https://ec.europa.eu/eurostat/statistics-explained/index.php?title=Electricity_price_statistics#:~:text=The%20EU%20average%20price%20in,was%20%E2%82%AC0.2369%20per%20kWh.

Feldman, D., et al. 2021. *U.S. Solar Photovoltaic System and Energy Storage Cost Benchmark: Q1 2020*. Technical Report NREL/TP-6A20-77324. US Department of Energy, National Renewable Energy Laboratory, January.

Kelly, B., et al. 2020. "Measuring Technological Innovation over the Long Run." NBER Working Paper 25266. Cambridge, MA: National Bureau of Economic Research.

Smil, V. 2005. *Creating the 20th Century: Technical Innovations of 1867–1914 and Their Lasting Impact*. New York: Oxford University Press.

Smil, V. 2006. *Transforming the 20th Century: Technical Innovations and Their Consequences*. New York: Oxford University Press.

Smil, V. 2016. *Still the Iron Age: Iron and Steel in the Modern World*. Amsterdam: Elsevier.

Smil, V. 2019. *Growth: From Microorganisms to Megacities*. Cambridge, MA: MIT Press.

UN Food and Agricultural Organization. 2021. *The State of Food Security and Nutrition in the World 2021*. Rome: FAO.

UN Food and Agriculture Organization. 2022. Crops and Livestock Products (database). Food and Agriculture Statistics, FAOSTAT.

World Bank. 2022. GDP Per Capita (Constant 2015 US$) (database). https://data.worldbank.org/indicator/NY.GDP.PCAP.KD.

Zu, C., and H. Li. 2011. "Thermodynamic Analysis on Energy Densities of Batteries." *Energy and Environmental Science* 4:2614–2625.

癌症

American Cancer Society. 2021. *Cancer Treatment and Survivorship: Facts & Figures 2019–2021*. Atlanta: American Cancer Society, 2019. https://www.cancer.org/content/dam/cancer-org/research/cancer-facts-and-statistics/cancer-treatment-and-survivorship-facts-and-figures/cancer-treatment-and-survivorship-facts-and-figures-2019-2021.pdf.

Farrelly, C. 2021. "50 Years of the 'War on Cancer': Lessons for Public Health and Geroscience." *Geroscience* 43:1229–1235.

Memorial Sloan Kettering Cancer Center. 2021. "Mission Possible? Revisiting the 'War on Cancer' 50 Years Later." *MSK News,* Winter. https://www.mskcc.org/msk-news/winter-2020/mission-possible-revisiting-war-cancer-50-years-later.

National Cancer Institute. 2020. "Milestones in Cancer Research and Discovery." Washington, DC: National Institutes of Health.

National Cancer Institute. 2021. "National Cancer Act of 1971." Washington, DC: National Institutes of Health, February (last update). https://www.cancer.gov/about-nci/overview/history/national-cancer-act-1971.

Obama, B. 2009. Address to Joint Session of Congress. Remarks of President Barack Obama—Address to Joint Session of Congress. https://obamawhitehouse.archives.gov/the-press-office/remarks-president-barack-obama-address-joint-session-congress.

Rehemtulla, A. 2009. "The War on Cancer Rages On." *Neoplasia* 11:1252–1263.

Sporn, M. B. 1996. "The War on Cancer." *Lancet* 347:1377–1382.

von Eschenbach, A. C. 2003. "NCI Sets Goal of Eliminating Suffering and Death due to Cancer by 2015." *Journal of the National Medical Association* 95:637–639.

Weir, H. K., et al. 2015. "The Past, Present, and Future of Cancer Incidence in the United States: 1975 through 2020." *Cancer* 121:1827–1837.

White House. 2022. "Fact Sheet: President Biden Reignites Cancer Moonshot to End Cancer as We Know It." Press release, February 2.

去碳化

Breakthrough Energy. 2021. "Breakthrough Energy Catalyst and Major Corporations Announce Partnership to Accelerate the Clean Energy Transition." https://www.breakthroughenergy.org/catalyst-announcement.

International Energy Agency. 2020. *Global EV Outlook 2020.* IEA, June. https://www.iea.org/reports/global-ev-outlook-2020.

International Energy Agency. 2021. "CO2 Emissions: Global Energy Review 2021." IEA. https://www.iea.org/reports/global-energy-review-2021/co2-emissions.

Smil, V. 2017. *Energy Transitions: Global and National Perspectives.* Santa Barbara, CA: Praeger.

Smil, V. 2021. "SUVs Ascendant." *IEEE Spectrum,* September, 22–23.

Smil, V. 2021. "Electric Flight." *IEEE Spectrum,* November, 22–23.

UN Framework Convention on Climate Change, Glasgow Climate Pact. 2021. "Draft text on 1/CMA.3." November 13. https://unfccc.int/sites/default/files/resource/Overarching_decision_1-CMA-3_1.pdf.

 星出版 科技創新 S&T 002

發明與創新
一部渲染炒作與失敗的簡史

Invention and Innovation
A Brief History of Hype and Failure

作者 —— 瓦茲拉夫・史密爾 Vaclav Smil
譯者 —— 許瑞宋

總編輯 —— 邱慧菁
特約編輯 —— 吳依亭
校對 —— 李蓓蓓
封面完稿 —— 曾堇宸
內頁排版 —— 立全電腦印前排版有限公司

出版 —— 星出版／遠足文化事業股份有限公司
發行 —— 遠足文化事業股份有限公司（讀書共和國出版集團）
231 新北市新店區民權路 108 之 4 號 8 樓
電話：886-2-2218-1417
傳真：886-2-8667-1065
email: service@bookrep.com.tw
郵撥帳號：19504465 遠足文化事業股份有限公司
客服專線 0800221029
法律顧問 —— 華洋國際專利商標事務所 蘇文生律師
製版廠 —— 中原造像股份有限公司
印刷廠 —— 中原造像股份有限公司
裝訂廠 —— 中原造像股份有限公司
登記證 —— 局版台業字第 2517 號

出版日期 —— 2024 年 11 月 20 日第一版第一次印行
定價 —— 新台幣 460 元
書號 —— 2BST0002
ISBN —— 978-626-98713-5-3

著作權所有　侵害必究

星出版讀者服務信箱 —— starpublishing@bookrep.com.tw
讀書共和國網路書店 —— www.bookrep.com.tw
讀書共和國客服信箱 —— service@bookrep.com.tw
歡迎團體訂購，另有優惠，請洽業務部：886-2-22181417 ext. 1132 或 1520

本書如有缺頁、破損、裝訂錯誤，請寄回更換。
本書僅代表作者言論，不代表星出版／讀書共和國出版集團立場與意見，文責由作者自行承擔。

國家圖書館出版品預行編目（CIP）資料

發明與創新：一部渲染炒作與失敗的簡史／瓦茲拉夫・史密爾
（Vaclav Smil）著；許瑞宋 譯 – 第一版 . -- 新北市：星出版，遠足
文化事業股份有限公司 , 2024.11
288 面；15x21 公分 . -- （科技創新 S&T 002）.
譯自：Invention and Innovation: A Brief History of Hype and Failure
ISBN 978-626-98713-5-3（平裝）

1.CST: 發明 2.CST: 創意 3.CST: 歷史

440.6   113015391